Die normalen
Eigenschaften elektrischer Maschinen.

Die normalen Eigenschaften elektrischer Maschinen.

Ein Datenbuch für Maschinen- und Elektroingenieure
und Studierende der Elektrotechnik.

Von

Dr.-Ing. Rudolf Goldschmidt,

Privat-Dozent a. d. Techn. Hochschule in Darmstadt.

Mit 34 Textfiguren.

Springer-Verlag Berlin Heidelberg GmbH 1909

ISBN 978-3-662-32331-1   ISBN 978-3-662-33158-3 (eBook)
DOI 10.1007/978-3-662-33158-3

Vorwort.

Das Ingenieurwesen ist in so viele Sondergebiete zerspalten,
daß der Spezialist auf einem dieser Gebiete meistens nicht ge-
nügend Überblick über andere hat, um sich ihre Erzeugnisse voll
zunutze zu machen. Vor allem sind es die Eigenschaften elektrischer Maschinen, die dem Nicht-Elektrotechniker, ja sogar dem
Elektrotechniker, dem nicht große Erfahrungen mit Maschinen
zu Gebote stehen, fremd sind. Hierbei ist nicht von der
Theorie der Maschinen die Rede, sondern von den erziel-
baren Resultaten, zu denen man erst auf Grund langer Erfahrung gelangt, und die den Ingenieur interessieren, der elektrische Maschinen benutzen will. Er muß wissen, was der Elektro-
Maschinenbauer ausführen kann und was nicht. Er muß ferner
den Einfluß kennen, den die Umdrehungszahl, die Spannung,
gewisse von ihm selbst zu stellende Bedingungen auf die Überlastungsfähigkeit, die Anlaufzugkraft, die verschiedenen Strom-
und Maschinenarten auf den Wirkungsgrad und andere Eigenschaften, sowie auf die Ausführungsmöglichkeit haben.

Dem Gebraucher elektrischer Maschinen ohne Vor-
aussetzung von großen Vorkenntnissen einen Überblick über die normalen Eigenschaften dieser Maschinen zu verschaffen und ihm damit die Möglichkeit zu
geben, sich die Elektrizität in vollkommenerer Weise
dienstbar zu machen, ist die Hauptaufgabe dieses
Büchleins. Außerdem werden die hier gegebenen Daten dem
Studierenden helfen, Vergleiche zwischen verschiedenen Maschinenarten anzustellen und die in der Praxis erzielten Resultate
kennen zu lernen.

Die als „normal" gegebenen Daten für den Wirkungsgrad u. a.
sind natürlich nur Durchschnittszahlen, da die Werte von Strom
und Spannung von Überlastungsbedingungen u. dgl., vor allem
aber von der Herkunft des Fabrikats abhängen. Dies liegt in

der Eigenart der Fabrikation, die sehr oft in der Weise eingerichtet ist, daß drei oder vier Maschinen mit gleichem Durchmesser, aber verschiedenen Längen gebaut werden. Von diesen drei bzw. vier Maschinen hat immer die breiteste den besten Wirkungsgrad, der auch verhältnismäßig besser ist als der Wirkungsgrad der schmalen Maschine mit größerem Durchmesser, trotzdem diese die höhere Leistung besitzt. Die „normalen Eigenschaften" sind die von Durchschnittsmaschinen, die auf einheitlicher Grundlage vom Verfasser entworfen sind — ein Verfahren, das zur Ermöglichung von Vergleichen unbedingt nötig war.

In Wirklichkeit können die Werte etwas höher oder tiefer liegen, je nachdem die Maschine bei der betreffenden Firma die schmale oder breite einer Gruppe ist oder besondere Anforderungen an die Maschine gestellt werden. So wird meistens hohe Überlastungsfähigkeit den Wirkungsgrad etwas herunterdrücken, großer Luftzwischenraum zwischen feststehendem und rotierendem Teil, der zur Betriebssicherheit beiträgt, den Leistungsfaktor von Induktionsmotoren vermindern, so daß die etwas geringere elektrische Qualität eines Fabrikates noch keineswegs seine Minderwertigkeit anzeigt. Bei Vergleichen muß diesem Umstande durchweg Rechnung getragen werden.

Daß im allgemeinen keine sehr großen Abweichungen, z. B. im Wirkungsgrad, bei den verschiedenen Fabrikaten vorkommen, rührt zum großen Teil vom Konkurrenzkampfe her, weil Versuche zur Verbilligung der Maschine unter Innehaltung einer bestimmten Temperaturerhöhung meist einem Streben nach dem Minimum der Verluste und somit nach dem höchsten Wirkungsgrade gleichkommt, der überhaupt erreichbar ist.

Ein Teil der „normalen Eigenschaften" ist aus einem Vortrage entnommen, den der Verfasser am 23. I. 08 vor der Institution of Electrical Engineers in London gehalten hat.

R. Goldschmidt.

Inhaltsverzeichnis.

Inhaltsverzeichnis.

I. Gleichstrommaschinen.

A. Die Spannung.

1. Begrenzt durch Gefahr des Überschlagens von Bürste zu Bürste.

Der Durchmesser des Kommutators ist durch konstruktive Rücksichten (Umfangsgeschwindigkeit, Ankerdurchmesser u. a.) begrenzt, somit bei gegebener Polzahl auch der Abstand der Bürstenbolzen. Seltene Spezialmaschinen bis zu 2000 Volt (auch wohl 5000 Volt) werden zweipolig ausgeführt, um den Bolzenabstand so groß wie möglich zu halten.

2. Begrenzt durch Gefahr des Überschlagens von einem Kommutatorsegment zum andern.

Die Spannungsdifferenz zwischen zwei benachbarten Segmenten wächst mit steigender Maschinenspannung. Der Durchmesser des Kommutators und die Dicke des Segments, sowie die Zahl der Segmente ist durch konstruktive Rücksichten begrenzt, aber auch durch Rücksicht auf die Kommutierung. Bei größeren Maschinen und vor allem solchen mit hoher Umlaufszahl (Turbogeneratoren) ist die Zahl der Windungen auf dem Anker nur gering. Da aber mindestens eine Windung zwischen zwei benachbarten Segmenten liegen muß, so ist auch hierdurch die Segmentzahl begrenzt. Verstärkung der Isolation nützt nur bis zu einem gewissen Grade, weil die Elektrizität an der Oberfläche des Kommutators überspringt (Kohlen und Kupferstaub).

3. Durchbrechen der Isolation des Ankers und der Feldmagnete sowie Überschlagen der Spannung von den Leitern zum Eisen.

Gefahr am größten bei Maschinen, die der Feuchtigkeit, Staub usw. stark ausgesetzt und wo ein Pol absichtlich oder zufällig geerdet ist.

4. Bei hoher Spannung ist es schwierig, funkenlose Kommutierung zu erzielen.

Die hohe Spannung bedingt eine große Zahl von Windungen im Anker, ferner ist die Zahl der Segmente begrenzt (vgl. 2.). Somit steigt mit der Spannung die Windungszahl zwischen zwei benachbarten Segmenten und damit die Stärke des Öffnungsfunkens an den Bürsten. Ist bei größeren Maschinen und hoher Geschwindigkeit (Turbogeneratoren) die Windungszahl pro Segment auf 1 gefallen, so kann auch dies „Minimum" zur Erzielung funkenloser Kommutierung noch zu groß sein. Vor Einführung der Wendepole und Kompensationswicklungen war es daher unmöglich, gewisse schnell laufende Maschinen zu bauen. Wendepole werden bei verhältnismäßig geringer Gefahr; Kompensationswicklungen bei großer Gefahr der Funkenbildung angewandt.

5. Bei kleinen Maschinen bedingt die hohe Spannung so viele und dünne Drähte, mit verhältnismäßig starker Isolation, daß sehr wenig Platz für Kupfer übrig bleibt.

Folge: Sinken der Leistung und des Wirkungsgrades, hohe Kosten, Bruchgefahr für die dünnen Drähte (vgl. auch Abschnitt B).

6. Spannungsgrenzen bei normalen Maschinen: Tabelle I.

Tabelle I.
Obere Spannungsgrenzen bei normalen Gleichstrommaschinen.

PS-Leistung	Maximal etwa Volt
Unter $\frac{1}{4}$	100—200
$\frac{1}{2}$	200—400
1	500
5	600
Über 10	750

B. Die Stromstärke.

An Stelle einer oberen Stromgrenze könnte man auch eine untere Spannungsgrenze festlegen, was bei gegebener Leistung dasselbe ist wie eine obere Stromgrenze. Abschnitt A[5] gibt tatsächlich eine „untere Stromgrenze", weil die dünnen Drähte als Folge der kleinen Stromstärke anzusehen sind.

1. Ein Kriterium, daß man sich bei einer Maschine der oberen Spannungsgrenze (unteren Stromgrenze) nähert, ist ein Sinken der Stromstärke unter 1,5—2,5 Ampere (ausgenommen kleine Ventilatormotoren von $\frac{1}{2}$—1 Ampere bei 100 Volt).

2. Die obere Grenze für die Stromstärke (Minimum der Spannung) ist oft gegeben durch das Minimum der Leiterzahl, die aus konstruktiven Rücksichten verwendet werden kann, meistens aber durch die Größe des Kommutators.

Die Größe des Kommutators begrenzt die Anzahl der Bürsten und somit auch die Größe der Stromstärke. Überschreiten dieses Wertes erfordert „spezielle Maschinen". Durch Verwendung von Bürsten mit geringem Übergangswiderstand (ev. Kupfer) kann die zulässige Stromstärke erhöht werden. Die Kommutierungsverhältnisse werden dies bei kleineren Maschinen erlauben; bei größeren (von 100—200 Kilowatt an), bei denen die Windungszahl pro Segment auf 1 fällt, werden Bürsten von großer Leitfähigkeit nur durch Verwendung von Kommutierungspolen möglich.

Bei schnellaufenden Maschinen von größerer Leistung, bei 500 Volt oder weniger, kann die Leiterzahl und damit die Segmentenzahl im Kommutator so gering werden, daß die Spannung nicht mehr gleichmäßig wird und so hohe Stromstärken beim Verlassen eines Segments unterbrochen werden, daß sich Brandstellen am Kommutator ausbilden. Schwierigkeit der Ventilation begrenzt ebenfalls die Stromstärke, besonders bei schnellaufenden Maschinen, die kleine Kommutatordurchmesser erfordern.

3. Im allgemeinen werden normale Motoren etwa für die in Tabelle II gegebenen unteren Spannungsgrenzen gebaut.

Tabelle II.
Untere Spannungsgrenzen normaler Gleichstrommaschinen.

Leistung	Spannung
5 bis zu 15 PS	für minimal 50 Volt
„ „ 30 „	„ „ 75 „
„ „ 100 „	„ „ 100 „

Diese Zahlen sollen nur einen ungefähren Einblick in die Verhältnisse geben. Die höchste Stromstärke hängt hauptsächlich von der Entscheidung des Fabrikanten ab, bis zu welcher Grenze die normale Maschine nur für eine einzige Kommutatorlänge (meist bis 15 PS) gebaut werden soll, wieviel Kommutatorlängen er bei größeren normalen Motoren vorsieht, und wo er die Spezialmaschinen anfangen läßt.

C. Die Umdrehungszahl.

1. **Die Erwärmung des Eisens kann bei hoher Umdrehungszahl zu groß werden:**

Je höher die Geschwindigkeit des Ankereisens im Magnetfelde, um so größer die Eisenverluste (ähnlich wie die Reibungsverluste in Lagern bei hoher Geschwindigkeit). Dieser Umstand bildet eine der größten Schwierigkeiten bei Turbogeneratoren.

Das Aushilfsmittel besonders starker Ventilation ist nicht wirksam genug. Verwendung niedriger Polzahl (zwei Pole bei 3000, vier bei 1500 Umdr./Min.), um die Zahl der Ummagnetisierungen pro Umdrehung niedrig zu halten.

2. **Kommutierungsschwierigkeiten (vgl. A) bei hoher Geschwindigkeit**

meist behoben durch Kompensationswicklungen und Kommutierungspole, wenn diese bei der betreffenden Maschine „normal" sind.

3. **Mechanische Widerstandsfähigkeit der „normalen Maschine".**

Normale Maschinen sind meistens so bemessen, daß das Überschreiten der Tourenzahl, für die sie entworfen sind, nur bis zu einem gewissen Grade zulässig ist. Die hohe Geschwindigkeit kann zur Folge haben:

Lagererwärmung;

Aussaugen des Öls aus den Lagern;

Reißen der Ankerbandagen, Auffliegen der Wicklung;

Zerspringen des Kommutators;

Erschüttern der Bürsten, so daß eine gute Kommutierung unmöglich ist.

4. Zu niedrige Umdrehungszahl hat bei kleineren Maschinen starkes Sinken der Leistungsfähigkeit zur Folge.

Zu viel und zu dünne Drähte im Anker erforderlich bei gegebener Spannung (vgl. A[5]).

5. Minimale, durchschnittliche und maximale Umdrehungszahl bei normalen Maschinen: Tabelle III und Fig. 1.

Tabelle III.

Die Umdrehungszahl normaler Gleichstrommaschinen.

PS	Umdrehungen/Minute		
	Minimum	Durchschnitt	Maximum
1	500	1500	2500
5	400	1000	2000
10	300	900	1750
25	275	850	1500
50	250	650	1250
100	200	550	1000
500	125	275	550

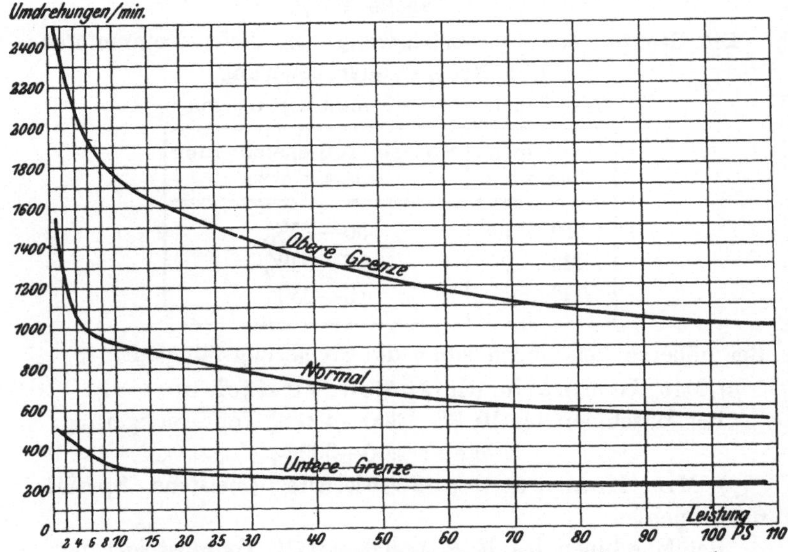

Fig. 1. Maximale, normale und minimale Umdrehungszahl von normalen Gleichstrommaschinen. (Tabelle III.)

6. Bei Gleichstrom - Turbogeneratoren finden sich etwa die folgenden Werte für die Umdrehungszahl: Tabelle IV.

Tabelle IV.
Die Umdrehungszahl von Gleichstrom-Turbogeneratoren.

Kilowatt	Umdr. Min.
500	2500
1000	1500
2000	750

D. Regulierbarkeit der Umdrehungszahl.

1. Nebenschlußregulierung (Feldschwächung).

a) Nur Tourensteigerung bei abnehmendem Drehmoment möglich. Konstante Leistung (PS) bei allen Umdrehungszahlen.

b) Ungefähre Grenzen:

α) Ohne Kommutierungspole (normale Maschinen) bis ca. 20 PS. Vgl. Tabelle V.

Tabelle V.
Die Grenzen der Tourensteigerung von Gleichstrommotoren durch Nebenschlußregulierung.
Maschinen ohne Kommutierungspole.

Maschinen-Spannung	Höchste Tourensteigerung zulässig etwa
110 Volt	50—75%
220 ,,	25—50%
500 ,,	0—25%

Bei höheren Leistungen sinkt die Steigerungsfähigkeit.

β) Mit Kommutierungspolen (vielfach normal).

Bei Maschinen bis 10 PS: 300—400% Tourensteigerung

größere: 200—300%   ,,

γ) Mit Kompensationswicklung (meistens Spezialmaschinen)

Bei Maschinen bis 10 PS: 400—600% Tourensteigerung

größere: 300—400%   ,,

c) **Begrenzung des höchsten Wertes der Umdrehungs-zahl** oft durch mechanische Rücksichten gegeben, die des niedrigsten durch Tabelle III

z. B. 10 PS-Motor; minimale Tourenzahl 300. Wenn Tourenregulierung 1 : 8 verlangt wird: Höchsttourenzahl $8 \cdot 300 = 2400$. Diese wird meistens besondere Konstruktion (ev. nur Modifikation der normalen) erfordern, da eine 10 PS-Maschine bei 300 Umdrehungen den Ankerkörper einer normalen 30 PS-Maschine bei 900 Umdrehungen hat, für die etwa 1500 Umdrehuhgen die Grenze bildet (vgl. C[5] Tabelle III).

2. **Maschine mit zwei Kommutatoren und zwei getrennten Ankerwicklungen, die parallel oder in Reihe geschaltet werden.**

a) Tourenregulierung nur 1 : 2, mit konstantem Drehmoment Leistung bei hoher Tourenzahl = zweimal Leistung bei niedriger Tourenzahl. Kann zur „Abstufung" mit D[1] verbunden werden.

b) Meist teure **Spezialmaschinen.**

Zwei Ankerwicklungen mit doppelter Isolation.

Zwei Kommutatoren, doppelte Bürstensätze.

c) **Eine Maschine mit zwei Kommutatoren hat meistens weniger Leistung als eine gleichgroße normale Maschine.**

Wegen Raumverlustes durch doppelte Isolation und schlechter Ventilation. Heizung des Ankers durch die beiden Kommutatoren.

d) **Gefahr von Ausgleichströmen zwischen den beiden Ankerwicklungen, wenn die Bürsten zufällig ihre Lage etwas ändern.**

Dies ist sehr oft die Ursache von Klagen über derartige Maschinen. Die Bürstenhalter sollten nicht verstellbar sein.

3. **Tourenregulierung durch Einschalten von Widerstand in den Ankerkreis (auf Kosten des Wirkungsgrads).**

a) **Nur Verringerung der Umdrehungszahlen bei proportionaler Leistungsverminderung** (konstantes Drehmoment).

b) **Bei dauernder Regulierung auf zu niedrige Umdrehungszahl** (etwa weniger als ein Viertel der normalen) ist Vorsicht geboten, da wegen **Mangel an Ventilation** die Maschine zu heiß werden kann.

c) Instabile Umdrehungszahl, schwankt stark mit Veränderung des Drehmoments. Die Tourenabnahme ist ungefähr proportional dem Drehmoment.

E. Umkehrbarkeit der Drehrichtung (Reversierbarkeit).

1. Bei normalen Motoren bis etwa 75 PS wegen Funkenbildung nicht immer möglich, bei größeren nahezu ausgeschlossen.

Im allgemeinen bei Motoren für 200 Volt und weniger durchführbar, selten bei 500 Volt-Motoren.

2. Maschinen mit Kommutierungspolen sind stets reversierbar.

3. Bahnmotoren und Spezial-Kranmotoren (meist Reihenschlußmotoren für aussetzenden Betrieb) sind stets reversibel.

4. Besondere Sicherheit gegen Stoßwirkung bei lebhaftem Reversierbetrieb erforderlich, besonders bei Kranmotoren, die starken Vibrationen ausgesetzt sind.

Die elektrischen Verbindungen zwischen Ankerwicklung und Kommutator sind leicht Brüchen ausgesetzt, so daß gewöhnliche Motoren nicht immer gefahrlos reversiert werden können. Spezialmotoren haben besonders starke mechanische Verbindung zwischen Ankerkörper und Kommutator, um die elektrischen Verbindungen zu entlasten, sowie schwere Bürstenhalter.

F. Veränderung der Spannung von Dynamos durch Nebenschlußregulierung oder Compoundierung.

Maschinen für zwei Spannungen, z. B. für Bahn- und Lichtbetrieb, 440—500 Volt oder dgl.

1. Die Leistungsfähigkeit der Maschine bei der niedrigeren Spannung sinkt im Verhältnis der Spannungsgrenzen (Strom konstant);

z. B. 500 KW 440—500 Volt bedeutet gewöhnlich 1000 Amp. konstant.

500 KW bei 500 Volt; 440 KW bei 440 Volt.

2. Gefahr der Funkenbildung bei der niedrigsten Spannung infolge der Schwächung des Feldes.

Deshalb können Kommutierungspole notwendig werden und damit in vielen Fällen Verteuerung der Maschine eintreten.

3. Gefahr für Instabilität der Maschine bei der niedrigeren Spannung.

Die Maschine kann ihre Spannung plötzlich verlieren, wenn sie belastet wird (astatische, geradlinige Spannungscharakteristik), Instabilität kann durch separate Erregung (Batterie) vermieden werden.

4. Grenzen für die Spannungsregulierung etwa $\pm 20\%$, z. B. 400—600 Volt. Spezialmaschinen können für weitere Grenzen gebaut werden.

G. Überlastungsfähigkeit.

1. Normale Maschinen halten ohne Schaden
25% Überlastung für ½ Stunde
40% „ „ 3 Minuten aus (vgl. Vorschriften des Verbandes Deutscher Elektrotechniker).

2. Stromstöße von 75% über der normalen Stromstärke bei der Nebenschlußmaschine und 100% beim Hauptstrommotor sind bei Maschinen für 110 und 220 Volt ohne Kommutierungspole und bei Maschinen mit Kommutierungspolen meist zulässig. Bei 500 Volt-Maschinen ohne Kommutierungspole bilden meist 40 bis 50% Überlastung die Grenze.

Die Grenzen für die Überlastung sind mechanische (Brechen der Welle, Lösen von Bandagen usw.), die Erwärmung der Maschine (Ankerkupfer, Bürsten, Kommutator, Feldspulen bei Reihenschlußmotoren), Loslöten von Verbindungen, die Funkenbildung.

3. Hohe Überlastungsfähigkeit für längere Zeit bedingt meistens eine verhältnismäßig große Maschine, die bei normaler Last einen schlechteren Wirkungsgrad hat.

4. Hohe Überlastungsfähigkeit bei Anlauf ist, wenn dieser lange dauert (große Massen zu beschleunigen), gefährlich wegen Erwärmung der Maschine (Loslöten von Verbindungen), weil erst bei normaler Umdrehungszahl die Maschine ihre volle Ventilation erhält.

H. Der Spannungsabfall beim Generator.

1. Der Spannungsabfall von gewöhnlichen Nebenschlußgeneratoren, d. h. die Veränderung der Spannung von Leerlauf auf Vollast ohne Nachregulierung, hängt von Zufälligkeiten ab und schwankt zwischen 10 und 25% je nach Sättigung und Bürstenstellung. Er kann bei kleinen Maschinen 50% betragen (vgl. auch F[3]).

2. Bei Maschinen mit neutraler Bürstenstellung (reversierbare Motoren, Maschinen mit Kommutierungspolen) hat der Spannungsabfall die Größenordnung von 5 bis 10%.

3. Bei separater Erregung gehen diese Werte ungefähr auf ein Drittel zurück.

4. Bei compoundierten Maschinen läßt sich konstante Spannung oder Spannungssteigerung mit wachsender Belastung erzielen. Über die Grenzen vgl. Abschnitt F.

5. Spannungsabfall durch Erwärmung der Magnetspulen. Ausgeglichen durch Nebenschlußregulator oder Veränderung der Tourenzahl an der Antriebsmaschine. Bei sachverständiger Überwachung auch wohl durch Bürstenverschiebung.

Der Widerstand der Magnetspulen ist unmittelbar nach dem Anlassen (im kalten Zustand) geringer als im normalen Betriebszustand. Wird dieser Unterschied nicht ausgeglichen, so ist zuerst die Spannung zu hoch (Lampen brennen durch) und zwar unter Umständen 10—20%. Ausgleich durch Einfügung eines Widerstandes in den Nebenschluß (Nebenschlußregulator) oder, wenn angängig, Verringerung der Umdrehungszahl zu Anfang um ca. 10%; Steigerung auf die normale Umdrehungszahl meistens während der ersten Stunde des Betriebs, bei kleinen Maschinen oft schon früher.

J. Der Tourenabfall beim Nebenschlußmotor.

1. Tourenabfall von Leerlauf auf Vollast beim Nebenschlußmotor ohne Nebenschlußregulator.

Stark schwankend und von der Bürstenstellung abhängig. Motoren, deren Bürsten sich in der neutralen Zone befinden

(z. B. Maschinen mit Kommutierungspolen), haben stärkeren Tourenabfall als gewöhnliche Motoren.

Bei Motoren, deren Umdrehungszahl durch Nebenschlußregulierung erhöht wird, ist bei den höheren Umdrehungszahlen die Tourenschwankung besonders auffallend. Durch kleine Bürstenverschiebungen kann bei dieser Maschinenart der prozentuale Tourenabfall vermindert werden, aber auf Kosten der Stabilität (periodische Schwankungen der Umdrehungszahl).

2. Ungefähre Werte für den Tourenabfall von Leerlauf auf Vollast: Tabelle VI.

Tabelle VI.

Tourenabfall von Gleichstrommotoren bei Übergang von Leerlauf auf Vollast.

PS	Gewöhnliche Motoren	Motoren mit Kommutierungspolen
1	6—9%	8—12%
5	3—5%	6—10%
25	1—2%	4—8%
50	ca. 1%	
100	0—1%	

3. Durch Gegencompoundierung (feldschwächende Reihenwicklung) kann die Umdrehungszahl konstant gehalten werden.

Zu starke Gegencompoundierung ist gefährlich, wegen labiler Betriebszustände. Geringes Sinken der Umdrehungszahl mit der Last sollte stets eintreten.

4. Tourenveränderung durch Erwärmung des Motors (vgl. H[5]).

Dadurch, daß der Widerstand der Feldwicklung zu Anfang des Betriebs (in kaltem Zustand) geringer ist, als normal, sinkt die Umdrehungszahl (Ventilatoren usw. geben ihre Leistung nicht her). Abhilfe: Nebenschlußregulator. Unter Umständen kann bei guten kleineren Motoren für 110 bis 220 Volt (ohne Kommutierungspole) eine Tourenregulierung durch Verschiebung der Bürsten bewirkt werden. Nebenschlußregulator gespart. (Nur bei sachverständiger Behandlung ratsam.)

K. Die Tourencharakteristik des Hauptstrom-(Reihenschluß-)Motors und Compoundmotors.

1. Ungefähre normale Tourencharakteristik des Hauptstrommotors: Tabelle VII, Fig. 2, Kurve A.

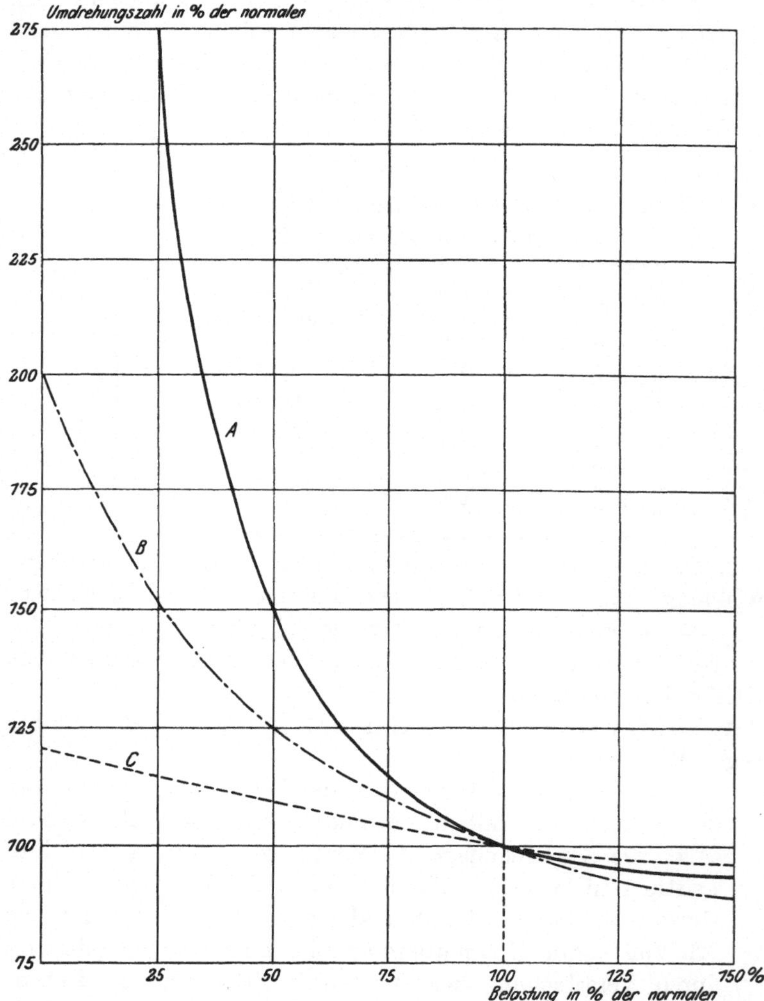

Fig. 2. Tourencharakteristiken. *A* Hauptstrommotor (Tabelle VII). *B* Compoundierter Hauptstrommotor (Tabelle VIII). *C* Compoundierter Nebenschlußmotor (Tabelle IX).

Tabelle VII.

Tourencharakteristik des Hauptstrommotors.

Last in % der normalen	Umdrehungszahl in % der normalen
25	275
50	150
75	115
100	100
125	94
150	89

2. Compoundierter Hauptstrommotor.

Hauptstromwicklung ca. 67%. Nebenschlußwicklung ca. 33% zur Begrenzung der Umdrehungszahl bei Entlastung von Hauptstrommotoren. Meistens so gewählt, daß die Umdrehungszahl bei Leerlauf höchstens auf das Zweifache der normalen steigt. (Bei $^{1}/_{4}$—$^{1}/_{3}$ der normalen Last.)

Ungefähre normale Tourencharakteristik des compoundierten Hauptstrommotors: Tabelle VIII, Fig. 2, Kurve B.

Tabelle VIII.

Tourencharakteristik des compoundierten Hauptstrommotors.

Last in % der normalen	Umdrehungszahl in % der normalen
0	200
25	150
50	125
75	110
100	100
150	94

3. Compoundierter Nebenschlußmotor.

Nebenschlußwicklung ca. 67%; Hauptstromwicklung ca. 33% zur Verstärkung des Anlaufsmoments von Nebenschlußmotoren.

Ungefähre normale Tourencharakteristik des kompoundierten Nebenschlußmotors: Tabelle IX, Fig. 2, Kurve C.

Tabelle IX.

Tourencharakteristik des compoundierten Nebenschlußmotors.

Last in % der normalen	Umdrehungszahl in % der normalen
0	120
25	115
50	110
75	105
100	100
150	96

4. Vergleich des Anlaufstromes von Hauptstrom und Nebenschlußmotoren bei gleichem Drehmoment: Tabelle X, Fig. 3.

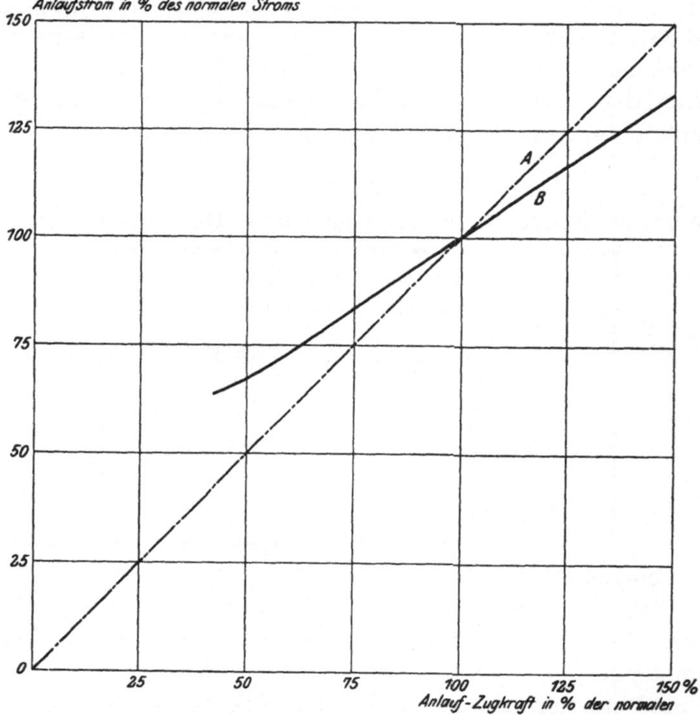

Fig. 3. Stromverbrauch bei Anlauf (Tabelle X). *A* Nebenschlußmotor. *B* Hauptstrommotor.

Tabelle X.
Stromverbrauch bei Anlauf von Nebenschluß- und Hauptstrommotoren.

Drehmoment in % des normalen	Strom in % des normalen	
	Nebenschluß-motor A	Hauptstrom-motor B
50	50	67
100	100	100
150	150	133

L. Der Wirkungsgrad von Gleichstrommaschinen.

Die folgenden Werte sind als Durchschnittswerte anzusehen. Garantiewerte dürften unter Umständen bei

Tabelle XI.

95%	Wirkungsgrad	½—1%
90%	„	1—1½%
80%	„	2—3%
70%	„	3—4%

tiefer liegen.

1. Motoren und Dynamos von kleiner und mittlerer Leistung: Tabelle XII, Fig. 4 und 5.

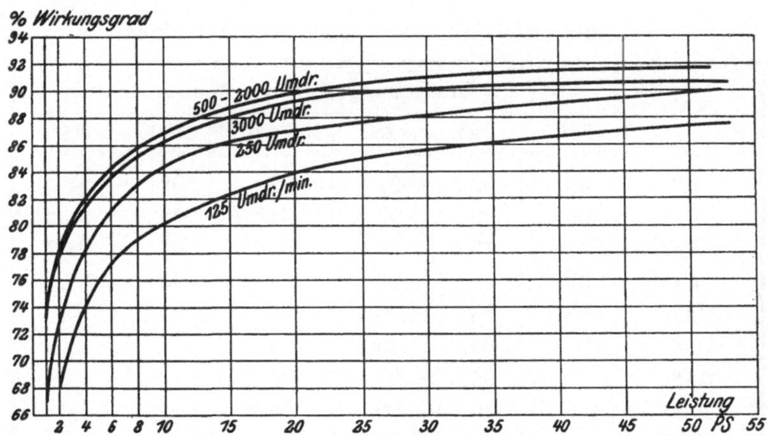

Fig. 4. Wirkungsgrad kleinerer Gleichstrommaschinen für 125—3000 Umdr./Min. (Tabelle XII.)

Tabelle XII.
Wirkungsgrad kleinerer Gleichstrommaschinen.

PS	Umdrehungen in der Minute				
	$62^{1}/_{2}$	125	250	500—2000	3000
1			67	73	73
2		68	73	78,5	78
5	70	76	79,5	83	82,5
10	75	80	84,5	87	86,5
20	79	84	87	90	89,5
30	81,5	85,5	88	91	90
40	83	86,5	89	91,5	90,5
50	84	87,5	90	91,8	90,8
60	85	88,8	90,5	92	90,9
70	85,8	89,2	90,5	92	91
80	86,5	89,7	91	92	91
90	87	90	91	92	91
100	87,8	90	91,2	92	91
110	88,1	90	91,3	92	91

2. Motoren und Dynamos von größerer Leistung: Tabelle XIII, Fig. 5 und 6.

Tabelle XIII.
Wirkungsgrad größerer Gleichstrommaschinen.

KW	Umdrehungen in der Minute					
	$62^{1}/_{2}$	125	250	500—1500	2000	3000
100	88	90,5	92	93	92	91
250	90	92	93,5	94	92,8	91,2
500	92	93,5	94,5	94,5	93	91,7
750	93	94	95	94,8	93	91,8
1000	93,7	94,7	95,4	95	93,2	
1500	94,5	95,2	95,7	95		
2000		95,6	96	95,2		
3000		96	96	95,2		
5000			95,7	95		

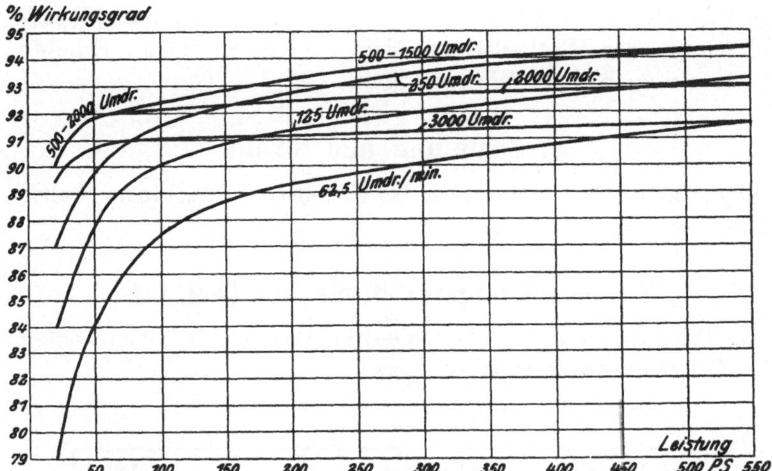

Fig. 5. Wirkungsgrad von Gleichstrommaschinen mittlerer Leistung
für 62½—3000 Umdr./Min. (Tabelle XII—XIII.)

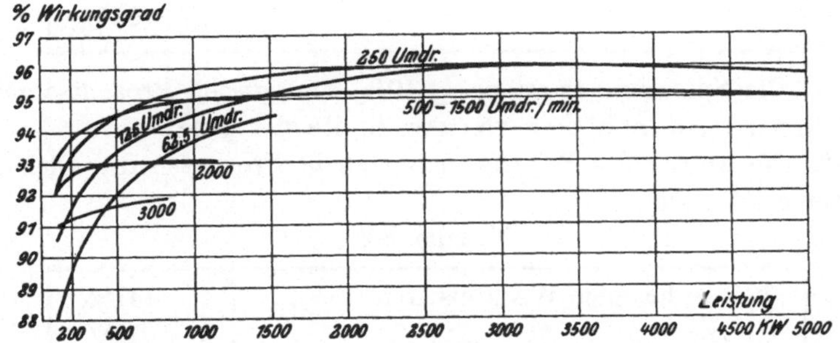

Fig. 6. Wirkungsgrad von größeren Gleichstrommaschinen
für 62½—3000 Umdr./Min. (Tabelle XIII.)

II. Rotierende Umformer.

Umformung von Wechselstrom in Gleichstrom und
umgekehrt, und zwar in einem Anker, der mit Kommutator für Gleichstrom und Schleifringen für den Wechselstrom
versehen ist. Wechsel- und Gleichstrom fließen in denselben
Drähten, wobei sie sich teilweise aufheben, so daß weniger

Verluste im Kupfer des Ankers entstehen, als wenn der Gleichstrom oder Wechselstrom allein vorhanden wäre. Erhöhte Leistung, höherer Wirkungsgrad.

A. Spannung und Strom.

Spannung und Strom wie bei Gleichstrommaschinen, ebenso Überlastungsfähigkeit.

B. Übersetzungsverhältnis bei Leerlauf.

1. Die Spannung an der Wechselstromseite in Prozenten der Gleichstromspannung ist etwa:

Tabelle XIV.

bei 1-phasigem Wechselstrom	71%
„ 2- „ „	71%
„ 3- „ „	61%
„ 6- „ „	35%

Die Spannung kann ca. $\pm 10\%$ von diesen Prozentsätzen anders sein, abhängig von der Breite der Pole.

2. Die Stärke des Wechselstroms in Prozenten des Gleichstroms ist etwa

Tabelle XV.

bei 1-phasigem Wechselstrom	141%
„ 2- „ „	71%
„ 3- „ „	94%
„ 6- „ „	47%

C. Umdrehungszahl und Frequenz.

Abhängigkeit der Umdrehungszahl von der Wechselstromfrequenz und der Polzahl der Maschine.

a) Die Umdrehungszahl n eines rotierenden Umformers ist, wie die aller Wechselstromgeneratoren, durch Frequenz f und Polzahl p festgelegt.

$$n = 120 \cdot \frac{f}{p} \, .$$

b) f ist meistens 25 oder 50 Perioden/Sek., so daß $n = \dfrac{3000}{p}$ oder $\dfrac{6000}{p}$. Vgl. Tabelle XIX.

Wenn sich ein Draht an einem Polpaar (Nord und Süd) vorüber bewegt, so durchläuft der in ihm erzeugte Wechselstrom eine Periode. Sind $\dfrac{p}{2}$ Polpaare vorhanden, so ist die Periodenzahl pro Umdrehung gleich $\dfrac{p}{2}$; bei $\dfrac{n}{60}$ Umdr./Sek., also $f = \dfrac{p}{2} \cdot \dfrac{n}{60}$ pro Sekunde.

D. Die Verwendung normaler Gleichstrommaschinen als Umformer.

1. **Zur Verringerung von Modellkosten** verwendet man, besonders bei kleineren rotierenden Umformern, gern die Feldmagnete usw. normaler Gleichstrommaschinen, vorausgesetzt, daß nicht zufällig Spezialmodelle vorhanden sind, oder ein größerer Auftrag ihre Anfertigung rechtfertigt.

Veränderungen am normalen Modell:

Hinzufügen der Schleifringe und Ableitungen von der Ankerwicklung, neuer Bürstenhalter und neues Klemmbrett.

Verlängerung der Welle. Neue Grundplatte oder Benutzung von zwei großen Endschildern bei gekapselten Maschinen. Eventuell Hinzufügen einer Dämpferwicklung (siehe E).

2. **Die Umdrehungszahl** kann, da die Frequenz gegeben ist und die Polzahl durch die normalen Gleichstrommaschinen festgelegt ist, oft unerwünscht hoch oder niedrig ausfallen.

Ungefähre normale Polzahlen und Umdrehungszahlen:

Tabelle XVI.

bis ca. 40 KW;	$p = 4$ Pole:	25 Perioden,	$n =$	750 Umdr.
		50 „	$n =$	1500 „
„ „ 200 „ ;	$p = 6$ „ :	25 „	$n =$	500 „
		50 „	$n =$	1000 „

E. Der Nachteil hoher Polzahlen.

1. Gefahr des „Pendelns" der Maschine, verbunden mit Funkenbildung und Überschlagen der Spannung von Bürste zu Bürste.

Je höher die Polzahl, um so geringer der Winkel, den ein Pol einnimmt. Treten Unregelmäßigkeiten im Gang auf (z. B. veranlaßt durch den Ungleichförmigkeitsgrad der Dampfmaschine in der Primärstation) oder zufällige Störungen, so lösen diese Unregelmäßigkeiten Pendeln des Umformerankers um einen gewissen Winkel aus, der aber wieder Stromschwankungen bedingt, die um so höher ausfallen, je größer das Verhältnis des „Pendel-Winkels" zum „Pol-Winkel", d. h. je höher die Polzahl.

Wie sich aus der Formel C^a ergibt, ist bei gegebener Umdrehungszahl (vgl. deren Begrenzung Tabelle III) die Polzahl um so größer, je höher die Periodenzahl. Folglich ist es schwierig, sicher arbeitende Umformer für hohe Frequenzen zu bauen.

Abhilfe: Dämpferwicklung (Amortiseure) in den Polschuhen, durch deren Wirkungen die Pendelungen schnell gedämpft werden.

2. Als höchste Frequenz für ganz sicheren Betrieb bei größeren Umformern betrachtete man lange Zeit 25 Perioden/Sek. Bei vorsichtiger Bauart (große Dimensionen, hohe Funkengrenze) arbeiten 50 und 60 Periodenumformer ganz sicher.

F. Spannungsabfall und Spannungsregulierung.

1. Spannungsabfall bei größeren Umformern (Wechselstrom in Gleichstrom) nur wenige Prozent, bei kleineren oft 20—30%.

2. Regulierung der Spannung durch Änderung der Erregung oder Compoundierung, nur möglich, wenn der Wechselstromseite Drosselspulen vorgeschaltet werden. Sonst Regulierung durch einen Transformator mit veränderlichem Übersetzungsverhältnis oder Zusatzmaschine.

Abgesehen von dem kleinen Spannungsabfall ist das „Übersetzungsverhältnis" ein festes durch die Ankerwicklungen und ihre Abzweigungen bedingtes. Erhöhung der Erregung beeinflußt nicht das Spannungsverhältnis, sondern veranlaßt nur das Fließen „wattloser" Ausgleichsströme zwischen Umformer und Zentrale. Änderung der sekundären Spannung (Gleichstrom) nur durch Änderung der primären Spannung möglich: Reguliertransformator oder Einbringung einer Drosselspule und Erzeugung von „wattlosen" Strömen durch Unter- oder Übererregung, die einen Spannungsabfall oder Spannungssteigerung hervorrufen. Nachteil: Die wattlosen Ströme verringern den Wirkungsgrad des Umformers.

Die erforderliche Übererregung ist meist sehr beträchtlich, da nur indirekt wirkend, so daß große Verluste in der Magnetwicklung entstehen. Spannung an den Drosselspulen bei Vollast meist 25—40% der Netzspannung.

G. Durchgehen von Gleichstrom-Wechselstrom-Umformern.

Die Gefahr des Durchgehens von Gleichstrom-Wechselstrom-Umformern bei Belastung mit Apparaten, die auch wattlose Energie (Magnetisierungsströme) erfordern (Induktionsmotoren, Drosselspulen).

Die wattlosen Stromkomponenten, die in dem Nutzkreis magnetisieren „entmagnetisieren" den Umformer, d. h. sie schwächen sein Feld. Hierdurch steigert sich die Umdrehungszahl unter Umständen so stark, daß der Anker durch Zentrifugalkraft zerspringt. Sicherung durch Zentrifugalschalter, die bei bestimmter Umdrehungszahl einen Kontakt schließen und Maximalausschalter auslösen. Zusammenarbeiten mit anderen „synchronen" Maschinen, Synchronmotoren, Wechselstromgeneratoren hält den Umformer im Gleichlauf.

H. Das Anlassen der Umformer.

Der rotierende Umformer ist, von der Wechselstromseite aus betrachtet, ein Synchronmotor, der nur dann arbeiten kann, wenn die von ihm erzeugte elektromotorische Kraft dieselbe Frequenz hat, wie die des Netzes. Er kann daher als Umformer nur bei Synchronismus arbeiten und nicht vom Stillstand aus mit Wechselstrom anlaufen, ausgenommen H^c.

a) Anlauf als Motoren von der Gleichstromseite, wenn Gleichstromquelle vorhanden und Einschalten auf der Wechselstromseite, sobald Synchronismus erreicht. Geringster Energieverbrauch für den Anlauf; kein Stromstoß bei guter Synchronisierung.

b) Anlauf mit Hilfe von besonderen Anwurfmotoren (Induktionsmotoren), gewöhnlich direkt gekuppelte, die ausgeschaltet werden, wenn der Umformer selbst eingeschaltet ist.

Die Polzahl des Induktionsmotors muß geringer sein als die des Umformers (Synchrontourenzahl höher), und sein Rotor muß hohen, genau bemessenen (meist nach Fertigstellung der Maschine einregulierten) Widerstand enthalten, so daß er den Umformer auf seine Synchronumdrehungszahl bringt. Energieverbrauch in K.V.A. etwa 10—20% der Umformerleistung.

c) Wenn eine Dämpferwicklung vorgesehen ist (bei kleinen Maschinen mit nicht unterteilten Polschuhen auch ohne Dämpferwicklung), kann der Umformer als Asynchronmotor mit Wechselstrom (Mehrphasen-) anlaufen, wobei die Dämpferwicklung (oder das solide Eisen) als Sekundärwicklung wirkt.

Wechselstromtransformator zwischen Umformer und Netz geschaltet, zur Verringerung des Anlaufstromes. Um diesen gering zu halten, werden zur Verringerung der Reibung auch wohl Kugellager vorgesehen und die Bürsten bei Anlauf abgehoben. Die Verbindungen zwischen den einzelnen Magnetspulen müssen unterbrochen werden, weil beim Anlauf Hochspannung (oft Tausende von Volt) in der Magnetwicklung induziert wird. Anlaufstrom drei Viertel bis herunter zu ein Viertel des Normalstromes, je nach Reibung, zulässiger Anlaufzeit und Genauigkeit der Bemessung des Anlaßtransformators.

J. Der Wirkungsgrad.

1. Zu unterscheiden zwischen 3- und 6-Phasenumformern. Die letzteren sind günstiger und werden, da 3-Phasenstrom mittels ruhender Transformatoren leicht in 6-Phasenstrom zu verwandeln ist, oft angewandt.

2. Ableitung des Wirkungsgrades von Umformern aus dem von Gleichstrommaschinen, Tabelle XII und XIII; Fig. 4 und 5.

g = Wirkungsgrad einer Gleichstrommaschine, deren Leistung

bei 3-Phasenstrom 17%
„ 6- „ 28% } kleiner ist als die des Umformers.

$g_u =$ Wirkungsgrad des Umformers.

Dann ist der Größenordnung nach

$$g_u = \frac{g}{0,93 + 0,07 \cdot g} \quad \text{bei 3-Phasenstrom.}$$

$$g_u = \frac{g}{0,81 + 0,19 \cdot g} \quad \text{bei 6-Phasenstrom.}$$

Tabelle XVII.

g einer 17 bzw. 28 % kleineren Maschine	g_u 3 phasig	g_u 6 phasig
85%	86%	87,5%
90%	91%	92%
95%	95,5%	96%

III. Synchrone Wechselstrommaschinen, Wechselstromgeneratoren, Synchronmotoren.

A. Die Spannung.

1. Begrenzt durch die Möglichkeit, ausreichende Isolation in den Nuten unterzubringen, und durch die Gefahr des Überschlagens von Verbindungen und Spulenköpfen zum Eisen; ferner Gefahr der allmählichen Zerstörung der Isolation durch die Wirkung der Spannung selbst (Bildung von Salpetersäure bei Gegenwart von Luft und Feuchtigkeit in den Nuten), daher bei hohen Spannungen Einbetten der Drähte in eine Isolationsmasse, die gegen Luft und Feuchtigkeit abschließt.

2. Zu dünne Drähte bei hoher Spannung (niedrige Stromstärke) Grenze etwa 2 Amp.; bei 1 KW — 500 Volt.

3. Ungefähre Werte für höchste Spannungen (normal): Tabelle XVIII.

Tabelle XVIII.
Höchste Spannung von Wechselstromgeneratoren und Synchronmotoren.

1 KW	500 Volt
10 „	750 „
20 „	1 500 „
50 „	3 000 „
100 „	5 000 „
500 „	10 000 „

Größere Maschinen etwa 12—15 000 Volt. In einem Einzelfalle ist man neuerdings bis auf 30 000 Volt gegangen.

B. Die Stromstärke.

Bei elektrothermischen Maschinen bis zu 5000 und 10 000 Amp. pro Maschine. Schwierigkeit: Sehr schwere Sammelschienen an der Maschine, die wegen der großen Stromstärke hohen Zugkräften ausgesetzt sind.

C. Die Umdrehungszahl.

1. Verwendung normaler Maschinen bei Leistungen unter 100 KW.

Bei Leistungen unter 100 KW werden meistens normale Modelle verwendet, mit ein für allemal festgelegten „normalen" Polzahlen. Sehr oft Riemen- und Seilantrieb bei den kleineren Wechselstrommaschinen, so daß sich die Umdrehungszahl der Polzahl anpassen kann:

$$n = 120 \cdot \frac{f}{p} = 120 \cdot \frac{\text{Frequenz}}{\text{Polzahl}} \cdot$$

2. Nur die folgenden Umdrehungszahlen sind möglich: Tabelle XIX.

Tabelle XIX.
Umdrehungszahl von Wechselstromgeneratoren und Synchronmotoren.

Polzahl	25 Per./Sek.	50 Per./Sek.
2	1500 höchste Werte	3000
4	750	1500
6	500	1000
8	375	750
10	300	600
12	250	500
14	214	428
16	187	375
usw.	usw.	

Ungefähre Normalwerte: Tabelle XX.

Tabelle XX.
Normale Umdrehungszahl kleinerer Wechselstromgeneratoren für Riemenbetrieb.

KW	50 Per./Sek.	25 Per./Sek.
Bis 25 KW	1500	1500
„ 50 „	1000	750
„ 100 „	750	750

3. Günstigste Umdrehungszahl und Höchstumdrehungszahl. Wechselstrommaschinen lassen sich um so weniger ökonomisch bauen, je kleiner ihr Durchmesser, weil es wegen der schnellen Abnahme des Raumes in radialer Richtung bei dem allgemein üblichen Innenpoltypus dem Konstrukteur Schwierigkeiten macht, die Pole mit ihren Wicklungen unterzubringen. Dies macht sich besonders bemerkbar bei Maschinen, die weniger als $1\frac{1}{2}$ m Ankerdurchmesser haben. Bei Turbogeneratoren ist aber der Durchmesser durch die höchst zulässige Umfangsgeschwindigkeit begrenzt. Die hohe Umdrehungszahl bringt keine Verbilligung der Wechselstrommaschine, sondern wird nur mit Rücksicht auf die Dampfturbine gewählt.

Ökonomische Höchsttourenzahl bei Generatoren:

bis 1000 KW . . . . 500—750 Umdr./Min.

„ 5000 „ . . . . 375—500 Umdr./Min.

Normaltourenzahlen für Turbogeneratoren: Tabelle XXI.

Tabelle XXI.
Normale Umdrehungszahl von Turbogeneratoren.

KW	Umdrehungszahl	
	50 Per./Sek.	25 Per./Sek.
750 und weniger	3000	1500
1500	1500	1500
3000	1000	750
5000	750	750

D. Über Pendeln.

Vgl. Rotierende Umformer. II. E[1].

E. Der Spannungsabfall.

1. Der Spannungsabfall kann die Konstruktion von Wechselstromgeneratoren stark beeinflussen. Wenige Prozent Verringerung vermögen den Preis einer Maschine wesentlich zu steigern. Dies ist besonders bei Turbogeneratoren der Fall.

Geringer Spannungsabfall wird durch großen Luftspalt und damit durch viel Kupfer auf den Feldmagneten erkauft, für das oft wenig Platz vorhanden ist (vgl. C[3]). Je größer der Luftspalt, um so „stabiler" das magnetische Feld, und um so weniger kann der Ankerstrom die Feldstärke und damit die Spannung verringern.

2. Zu unterscheiden zwischen Spannungsabfall (d. i. Veränderung der Spannung bei Übergang von Leerlauf auf Vollast) und Spannungssteigerung (bei Übergang von Vollast auf auf Leerlauf). Der letztgenannte Wert ist immer der kleinere.

3. a) Normaler Wert für den Spannungsabfall:

Bei $\cos \varphi = 1$ (Belastung: Synchronmotoren, Glühlampen) 7%

„ „ $\varphi = 0,85$ (Induktionsmotoren, Bogenlampen) . 23%

b) Wünschenswert bei **Turbogeneratoren** von größerer Leistung, wenn keine plötzlichen sehr starken Belastungsänderungen zu erwarten sind:

Bei $\cos\varphi = 1$ 10%

„ „ $\varphi = 0{,}85$ 30%

4. Ein Maß für den Spannungsabfall gibt der **Kurzschluß-strom**, d. h. der Strom, der entsteht, wenn die bei Leerlauf auf volle Spannung erregte Maschine kurzgeschlossen wird. (Versuch meistens bei schwacher Erregung durchgeführt und Werte proportional der Erregung umgerechnet.)

Normal:

Kurzschlußstrom = 3—3,5facher Normalstrom.

Bei Turbogeneratoren:

Kurzschlußstrom = $2\frac{1}{4}$—3facher Normalstrom.

F. Überlastungsfähigkeit.

1. Begrenzt durch die **Erwärmung** und die **Möglichkeit, beim Generator die volle Spannung aufrecht zu erhalten**, d. h. dem wachsenden Spannungsabfall bei steigender Belastung durch Erhöhung der Erregung zu begegnen. Daher Überlastungsfähigkeit bei $\cos\varphi = 1$ größer als bei kleineren $\cos\varphi$. **Synchronmotoren** fallen aus dem Tritt und bleiben stehen, wenn die Last einen gewissen Wert überschreitet.

Normal etwa:

Überlastungsfähigkeit . . . . 25% für 1 Stunde

Wenn nötig . . . . 50% „ $\frac{1}{2}$ „

$$(\cos\varphi = 1)$$

(Häufige Forderung: Bei 25% Überlastung mit $\cos\varphi = 0{,}85$ während $\frac{1}{2}$—$\frac{3}{4}$ Stunde die Spannung aufrecht zu erhalten.)

2. Bei **Synchronmotoren** ist der **Kurzschlußstrom** ein ungefähres direktes Maß für die Überlastungsfähigkeit [zweifacher Kurzschlußstrom (= 2 · Normalstrom) entspricht etwa einer Grenzleistung gleich zweimal Normalleistung].

G. Der Wirkungsgrad.

1. Zwei- und Dreiphasengeneratoren.
a) 50 Perioden. Tabelle XXII, Fig. 7, 8 und 9.

Tabelle XXII.
Wirkungsgrad von Drehstromgeneratoren für 50 Perioden/Sek.

KW	Umdrehungszahl in 1 Minute					
	125	250	500	750	1500	3000
10	75	78	82	83	83	80
25	83,5	84 5	86	86,5	86,5	85
50	86,5	87,5	88	89	89	88
100	89	89,5	90	91	91	89,5
250	90,5	91	92	93,5	92,5	91
500	92,5	93	93	94,5	93,5	92
1000	94	94,5	94,5	96	95	93
1500	95	95,5	95,5	96,5	95,5	94
2000	96	96	96	96,5	95,5	
3000	96,5	96,5	96,5	96,5		
5000	96,5	96,5	96,5	97		

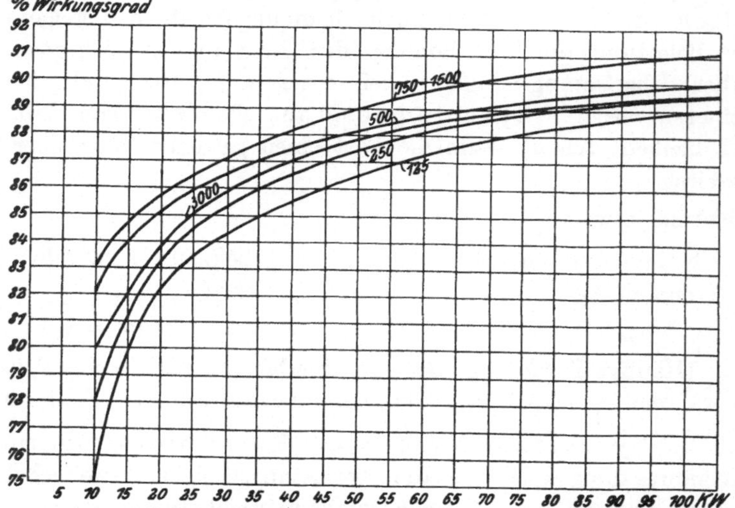

Fig. 7. Wirkungsgrad kleinerer Drehstromgeneratoren für 50 Perioden
bei 125—3000 Umdr./Min. (Tabelle XXII.)

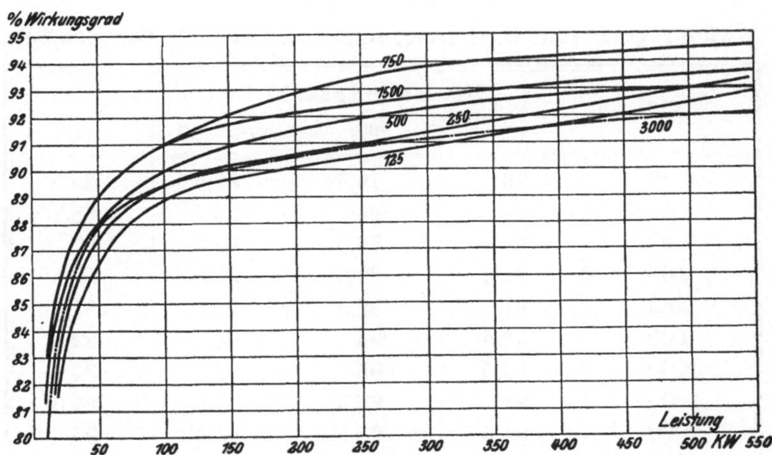

Fig. 8. Wirkungsgrad von Drehstromgeneratoren mittlerer Leistung
für 50 Perioden bei 125—3000 Umdr./Min.
(Tabelle XXII.)

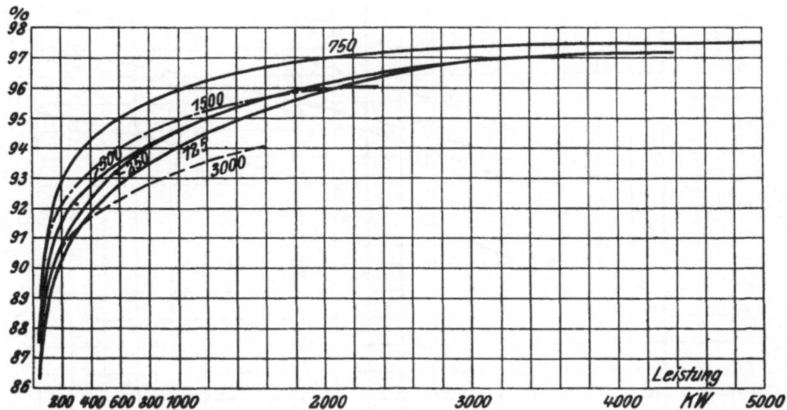

Fig. 9. Wirkungsgrad größerer Drehstromgeneratoren für 50 Perioden
bei 125—3000 Umdr./Min.
(Tabelle XXII.)

b) 25 Perioden: Tabelle XXIII, Fig. 10, 11 und 12.

Tabelle XXIII.

Wirkungsgrad von Drehstromgeneratoren für 25 Perioden/Sek.

KW	Umdrehungszahl in 1 Minute			
	125	250	375—750	1500
10	76	79,5	82,5	82,5
25	81	84	86	85
50	84	86,5	88,5	87
100	87,5	89,5	91,5	89,5
250	91	92,5	93	91,5
500	92,5	94	94	92,5
1000	93,5	95	95	94
1500	94	95,5	95,5	94,5
2000	94,5	95,5	95,5	95
3000	95	96	96	95
5000	95	96	96	95,5

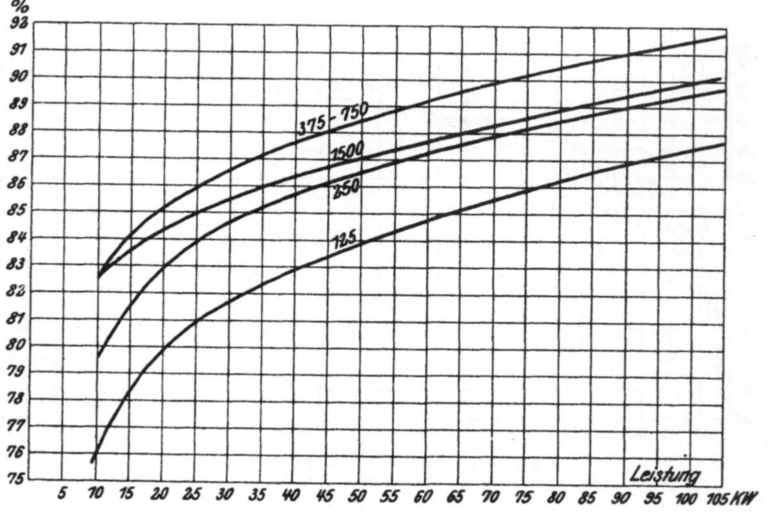

Fig. 10. Wirkungsgrad von kleineren Drehstromgeneratoren für 25 Perioden
bei 125—1500 Umdr./Min.
(Tabelle XXIII.)

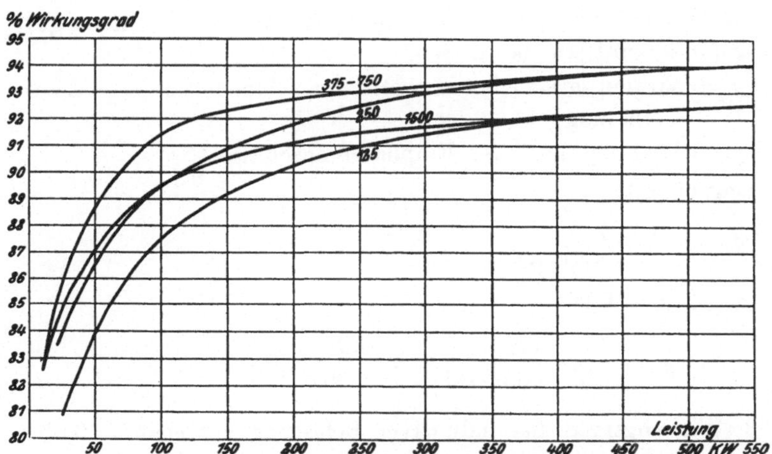

Fig. 11. Wirkungsgrad von Drehstromgeneratoren mittlerer Leistung
für 25 Perioden bei 125—1500 Umdr./Min.
(Tabelle XXIII.)

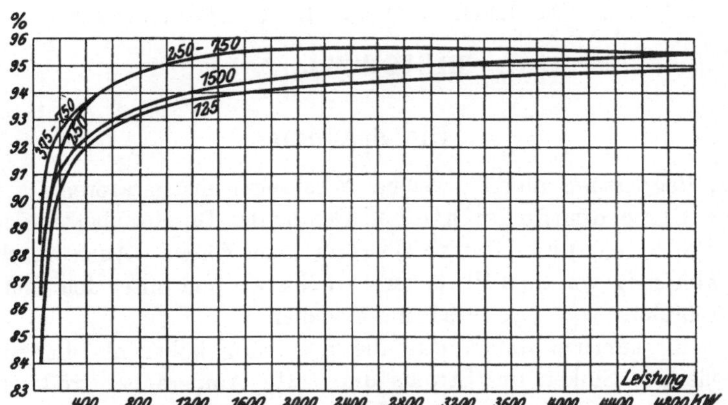

Fig. 12. Wirkungsgrad größerer Drehstromgeneratoren für 25 Perioden
bei 125—1500 Umdr./Min.
(Tabelle XXIII.)

2. **Einphasengeneratoren haben geringeren Wirkungsgrad als Drehstromgeneratoren**, weil das Material nicht so gut ausgenutzt wird wie bei diesen.

$g =$ Wirkungsgrad einer Drehstrommaschine mit 50% größerer Leistung;

$g_1 =$ Wirkungsgrad der Einphasenmaschine.

Angenähert:

$$g_1 = \frac{g}{1,5 - 0,5 \cdot g} \, ,$$

z. B. $g = 0,90$;

$$g_1 = \frac{0,90}{1,5 - 0,5 \cdot 0,90} = \frac{0,90}{1,05} = 0,86 \,.$$

3. Wirkungsgrad bei induktiver Belastung mit $\cos \varphi = 0,85$.

$g =$ Wirkungsgrad bei $\cos \varphi = 1$;

$$g_{0,85} = \frac{g}{1,3 - 0,3 \cdot g} \,.$$

IV. Asynchronmotoren (Induktionsmotoren).

A. Die Spannung.

1. Begrenzung ähnlich wie bei Wechselstromgeneratoren.

Durch dünne Drähte und Gefahr des Durchschlagens der Isolation und Überschlagens zum Eisen. Auch stark abhängig von dem Platz in den Nuten und unter den Endschildern von „normalen" Modellen.

Kriterium dafür, daß die Spannung höher als die zulässige: Sinken des Stroms unter $2\frac{1}{2}$ Ampere bei größeren und unter $1\frac{1}{2}$ Ampere bei kleineren Maschinen.

Reduktion der Spannung durch Transformation, wenn erforderlich.

Ungefähre Höchstspannung (Tourenzahl in der Nähe der normalen): Tabelle XXIV.

Tabelle XXIV.

Höchste Spannungen von Asynchronmotoren.

½ PS	200—400 Volt
2 „	500—600 „
8 „	750—1000 „
25 „	1000—2000 „
50 „	1500—3000 „
100 „	2000—4000 „
150 „	3000—5000 „
250 „	5000—6000 „
500 „ und mehr	6000—7500 „

2. Die Rotorspannung.

Wird durch den Konstrukteur festgelegt, hängt ab von der Drahtanordnung. Niedrige Rotorspannung, d. h. starke Rotorströme bei kleineren Motoren, gibt meist gute Drahtanordnungen (starke Drähte), aber wegen der hohen Ströme oft verhältnismäßig teure Anlasser. Rotorspannung oft durch die Stromstärke bestimmt, für die die Schleifringe und Bürsten, sowie der Anlasser geeignet sind. Ungefähre Zahlen bei Dreiphasenrotor: Tabelle XXV.

Tabelle XXV.

Ungefähre Zahlen für die Rotorspannung und den Rotorstrom von Asynchronmotoren.

Leistung	Rotorstrom etwa	Rotorspannung weniger als
Weniger als 15 PS	25 Amp.	250 Volt
„ „ 30 „	50 „	250 „
„ „ 50 „	75 „	300 „
„ „ 100 „	100 „	475 „
„ „ 500 „	250 „	900 „

B. Die Umdrehungszahl.

1. Asynchronmotoren können mit gutem Wirkungsgrad nur mit Umdrehungszahlen arbeiten, die wenige Prozent (um den „Schlupf") tiefer liegen als die synchronen (Tabelle XIX).

Größenordnung des Schlupfes bei nicht abnormalen Umdrehungszahlen: Tabelle XXVI, Fig. 13, Kurve A.

Tabelle XXVI.
Schlupf von Drehstrommotoren.

Leistung	Schlupf
1 PS	$6\frac{1}{2}$—$7\frac{1}{2}\%$
10 „	4 —5%
50 „	2 —3%
100 „	$1\frac{1}{2}$—2%

Bei niedrigen Umdrehungszahlen steigt der Schlupf 1—2% und sinkt bei hohen um denselben Betrag.

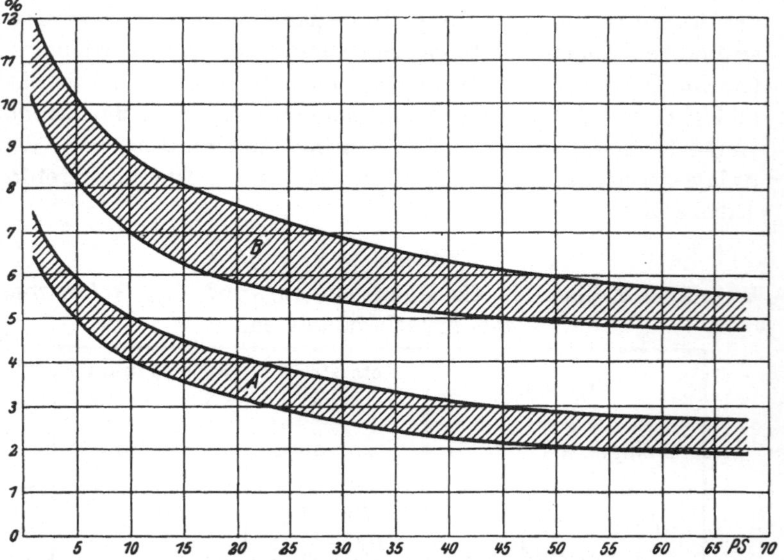

Fig. 13. Schlupf von Drehstrommotoren. A Normale Motoren. B Motoren mit Kurzschlußanker bei besonders hohem Anzugsmoment. (Tabelle XXVI und XXVII.)

In Tabelle XIX würde z. B. bei 1 PS-Motoren an Stelle von 1500 Umdrehungen 1500 — 7% = 1390 Umdrehungen treten. Bei Leerlauf ist die Umdrehungszahl 1500. Der Schlupf ist bis zu 25% Überlastung angenähert proportional der Last.

2. Bei Maschinen mit Kurzschlußanker werden oft zur Erreichung einer hohen Anzugskraft (vgl. D) beträchtliche nicht ausschaltbare Widerstände in den Rotor eingebaut, die wieder eine Erhöhung des Schlupfes (und Verringerung des Wirkungsgrades um denselben Prozentsatz) bedingen. Man geht dann, wenn hohe Anzugskraft von größerer Wichtigkeit als guter Wirkungsgrad mit dem Schlupf bis zu den Werten der Tabelle XXVII (Fig. 13, Kurve B).

Tabelle XXVII.

**Hohe Schlupfe bei Drehstrommotoren mit Kurzschlußanker
für hohe Anzugskraft.**

Leistung	Schlupf
1 PS-Motoren	bis zu 10 oder 12%
10 ,, ,,	,, ,, 7 ,, 9%
50 ,, ,,.	,, ,, 5 ,, 6%
100 ,, ,,	,, ,, 4 ,, 5%

Bei amerikanischen Motoren kommen noch höhere Schlupfwerte vor.

3. Die Umdrehungszahl hängt von der Konstruktion des „normalen" Motors ab.

a) Die normalen Nutenzahlen sind nur für bestimmte Polzahlen geeignet, da sie durch diese (multipliziert mit der Phasenzahl) dividierbar sein müssen.

b) Je kleiner die Zahl der Pole, um so umfangreicher der Teil der Wicklung, der aus den Nuten heraustritt (Spulenköpfe) und unter den normalen Endschildern Platz finden muß. Bei abnormal niedriger Polzahl können die Maschinen für die unter A^1 gegebenen Grenzspannungen nicht immer gebaut werden.

Nur wenige Firmen bauen ihre normalen Modelle ausreichend für zwei Pole, so daß bei 25 Perioden Maschinen mit 1500 Umdr., bei 50 Perioden Maschinen mit 3000 Umdr. (minus Schlupf) oft nicht geliefert werden können.

Für einige größere Leistungen werden meistens besondere zweipolige Modelle zum Antrieb von Zentrifugalpumpen hergestellt.

3*

Ungefähre Werte für die höchste Umdrehungszahl bei normalen Motoren: Tabelle XXVIII.

Tabelle XXVIII.

Die höchste Umdrehungszahl normaler Drehstrommotoren.

PS		Niedrigste Polzahl	Höchste Umdrehungszahl	
			bei 25 Perioden	bei 50 Perioden
Weniger als	½ PS	2	1500	3000
,,	,, 50 ,,	4	750	1500
,,	,, 200 ,,	6	500	1000

c) Obere Grenzen, die durch die Zentrifugalkraft gesteckt sind.

Bei Maschinen mit Kurzschlußrotoren meistens höher als bei Schleifringrotoren.

4. Untere Grenzen, dadurch bedingt, daß bei niedrigster Umdrehungszahl (hoher Polzahl) der Leistungsfaktor sehr schlecht wird (vgl. F).

Bei hoher Polzahl wird die magnetische Streuung sehr groß, wodurch der Motor eine beträchtliche „wattlose" Energie zur Deckung der Magnetisierung aufnimmt.

a) Die Streuung ist um so größer, je größer der Luftspalt.

(Dieser ist durch die Ausführungsmöglichkeit nach unten begrenzt.)

b) Die Streuung wächst mit dem Fallen der Phasenzahl.

c) Dreiphasenmotoren sind besser als zweiphasige und diese wieder besser als einphasige.

d) Motoren mit Kurzschlußanker haben geringere Streuung als solche mit Schleifringanker.

e) Die Streuung beeinflußt stark die Überlastungsfähigkeit der Maschine, da bei großer Belastung die wattlose Energie die nutzbare reduziert und daher die Maximalleistung begrenzt.

5. Normale Umdrehungszahlen sind etwa: Tabelle XXIX.

Tabelle XXIX.

Normale Umdrehungszahl von Drehstrommotoren.

Leistung PS	Umdrehungszahl	
	50 Perioden	25 Perioden
1—7,5	1500	750
7,5—40	1000	750
40—100	750	750
100—200	600	500
200—400	500	500

Von diesen Werten ist der Schlupf (Tabelle XXVI und XXVII) zu subtrahieren.

C. Die Überlastungsfähigkeit.

1. Ohne zu große Erwärmung werden die folgenden Überlastungen im allgemeinen zulässig sein.

Mehrphasenmotoren von 10 PS aufwärts:

$\frac{1}{2}$ Stunde 25%

$\frac{1}{4}$ Stunde 50%

Motoren unter 10 PS:

$\frac{1}{4}$ Stunde 25%

5 Minuten 50%

Einphasenmotoren:

$\frac{1}{4}$—$\frac{1}{2}$ Stunde 25%

2. Die Grenzleistung, bei welcher der Motor stehen bleibt, ist: Bei Mehrphasenmaschinen 100—125% größer als die Normalleistung,

bei Einphasenmotoren begnügt man sich meistens mit 40—60% normaler Überlastungsfähigkeit, zum Teil auch wohl mit 25—30%, wenn tatsächlich die Normallast nicht überschritten werden kann und die Spannung konstant ist.

Meistens wird bei an sich schlechten Maschinen der Leistungsfaktor bei Vollast verbessert, wenn man die Überlastungsfähigkeit soweit wie möglich reduziert (vgl. 4).

3. Bei Netzen, deren Spannung großen Schwankungen unterworfen ist, muß die Grenzleistung hoch gewählt werden, da Überlastung des Motors mit dem Sinken der Spannung (oft ursächlich) zusammentreffen kann, und dann der Motor leicht stehen bleibt.

5% Sinken der Spannung verringert die Überlastungsfähigkeit 10%.

4. Die Vorschrift von unnötig hoher Überlastungsfähigkeit beeinflußt nicht nur den Wirkungsgrad, sondern auch den Leistungsfaktor bei normaler und geringer Last ungünstig. Der Leistungsfaktor ist besonders empfindlich auf Überlastungsfähigkeit, wenn die Umdrehungszahl sehr niedrig ist.

D. Der Anlauf.

1. **Mehrphasenmaschinen mit Schleifringen** sind imstande, bei Anlauf maximal etwa 80% des Drehmoments zu entwickeln, das sie bei der „Grenzleistung" (vgl. C²) haben, d. h. ein normaler Motor vermag etwa das Doppelte seines Vollastdrehmoments bei Anlauf durchzuziehen.

2. Mehrphasenmaschinen mit Schleifringen. Der Stromverbrauch bei Anlauf: Tabelle XXX, Fig. 14.

Tabelle XXX.
Stromverbrauch von Drehstrommotoren mit Schleifringanker bei Anlauf.

Drehmoment in % des Drehmoments bei Vollast	Ungefährer Stromverbrauch in % des normalen Stroms
0	25—35
50	55—65
100	normal
150	150—175
200	225—275

3. **Kleinere Mehrphasenmaschinen mit Kurzschlußanker.** Kleinere Maschinen (bei städtischen Netzen maximal etwa 5 PS) werden ohne Anlasser mittels dreipoligen Schalters an das Netz angeschlossen.

a) Anlaufmoment bei normalen Maschinen mit geringem Rotorwiderstand und kleinem Schlupf etwa $^2/_3$ bis normal; momentaner Stromstoß 4—5facher Normalstrom;

b) Motoren mit großem Schlupf (geringerem Wirkungsgrad) (vgl B 1 und 2):

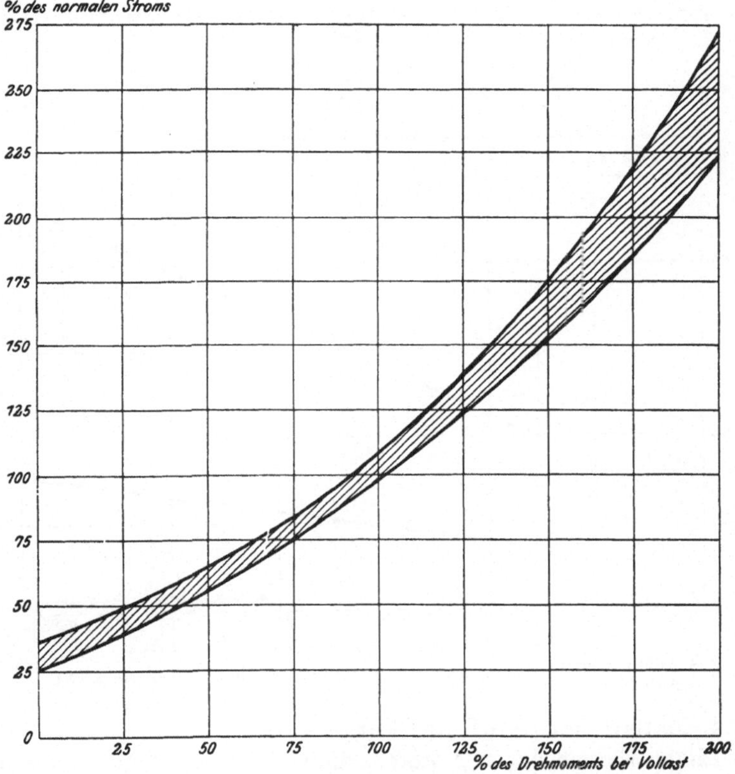

Fig. 14. Drehstrommotoren mit Schleifringanker. Stromverbrauch bei Anlauf. (Tabelle XXX.)

Anlaufmoment etwa 1½—1¾ des normalen bei 4—5fachem Stromverbrauch.

c) Maschinen mit hoher Überlastungsfähigkeit haben auch höheres Anlaufmoment (vgl. 1) und größeren Stromverbrauch, bei Hochschlupfmaschinen etwa wie in Tabelle XXXI und Fig. 15 gegeben.

Tabelle XXXI.

Anzugsdrehmoment und Stromverbrauch bei Anlauf von Drehstrommotoren mit Kurzschlußanker.

% Überlastungsfähigkeit des Motors	Anlaufmoment in % des normalen	Anlaufstrom in % des normalen
normal 125	175	500
200	225	675
300	300	900

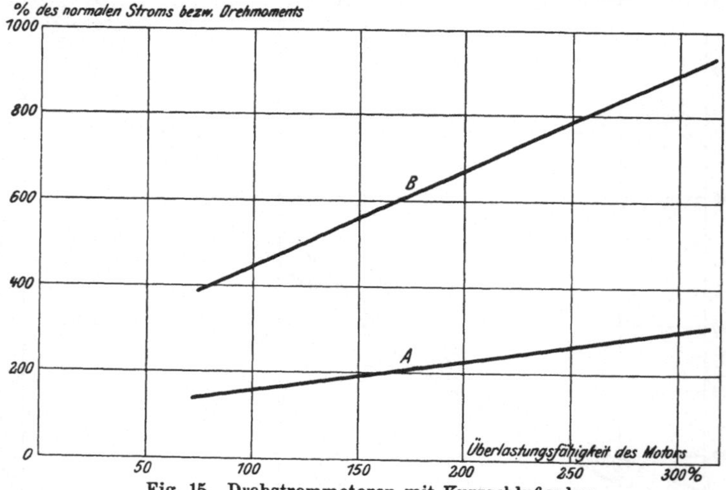

Fig. 15. Drehstrommotoren mit Kurzschlußanker.

A Anlaufmoment
B Anlaufstrom } beim Anlauf mit voller Spannung. (Tabelle XXXI.)

4. **Motoren mit Stufenanker.**

Einige Firmen bauen Motoren, die einen Kurzschlußanker mit hohem Widerstand für den Anlauf besitzen und außerdem eine Rotorwicklung mit geringem Widerstand. Die letztere ist beim Anlauf offen und wird nach Erreichung einer bestimmten Umdrehungszahl von Hand oder durch Zentrifugalschalter kurzgeschlossen. Beim Kurzschließen ist der momentane Stromstoß etwa $1\frac{3}{4}-2\frac{1}{2}$ des Normalstroms.

5. **Größere Motoren mit Kurzschlußanker** werden allmählich angelassen, d. h. die Spannung wird erst allmählich auf

die volle erhöht, entweder mittels Vorschaltwiderstands vor der Statorwicklung oder eines Reguliertransformators (Autotransformator).

Die letztere Methode ist die bei weitem ökonomischere, da bei gleichem Drehmoment der Stromverbrauch viel geringer ist.

a) Ist bei einem gewöhnlichen Motor (etwa 125% Überlastungsfähigkeit) das Anlaufmoment 175% des normalen Drehmoments bei 5fachem Anlaufstrom (vgl. Tabelle XXXI), so wird beim Widerstandsanlasser bei normalem Anzugsmoment der Strom $\sqrt{\dfrac{100}{175}} \cdot 5 = 3,8$ des normalen, beim Autotransformator unter denselben Bedingungen $\dfrac{100}{175} \cdot 5 = 2,85$ des normalen Stroms.

b) Bei Leeranlauf oder Anlauf mit ganz schwacher Last ist der Widerstandanlasser ausreichend, bei größeren Lasten (Kranmotoren) sind Autotransformatoren besser.

c) Ist ein Induktionsmotor mit Kurzschlußanker mit einem Gleichstromgenerator gekuppelt (Motorgenerator) und steht eine Gleichstromquelle zur Verfügung, so kann der Maschinensatz von der Gleichstromseite aus angelassen und bei Erreichung des Synchronismus der Wechselstrommotor fast ohne Stromstoß eingeschaltet werden (vgl. Rotierende Umformer).

6. Stern-Dreieck-Anlassen.

Die Wicklung des Motors wird so umgeschaltet, daß bei Anlauf die auf eine Phase treffende Spannung geringer ist als die Klemmenspannung. Dadurch wird die Anlaufstromstärke, mit ihr aber auch das Anzugsmoment, verringert.

Kein Anlasser, nur Umschalter erforderlich.

a) Stromstärke bei Anlauf ein Drittel derjenigen, die bei direktem Anschalten ans Netz entstehen würde (Tabelle XXXI), d. h. durchschnittlich $^1/_3 \cdot 500 = 167\%$ des Normalstromes. Ist das Anzugsdrehmoment bei voller Spannung 175% des normalen, so fällt es beim Stern-Dreieck-Anlassen auf $\dfrac{175}{3} \sim 60\%$ des Vollastmoments (vgl. Tabelle XXXI erste Zeile).

b) Änderungen im Entwurf der normalen Maschine, bedingt durch Stern-Dreieck-Schaltung.

α) Der Motor muß von vornherein so gebaut sein, daß er „normal" in Dreieckschaltung arbeiten kann. Seine Drahtzahl wird um 73% erhöht, der Drahtquer-

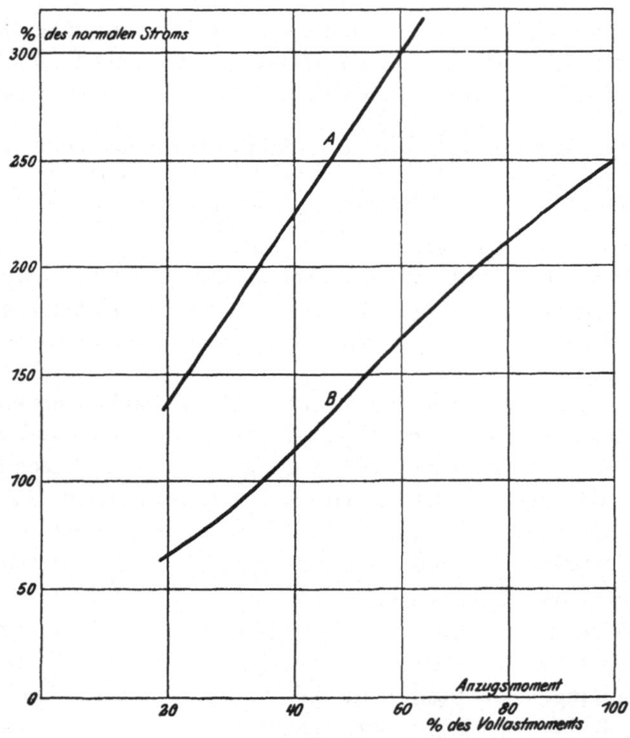

Fig. 16. Stromverbrauch von Einphasen-Induktionsmotoren bei Anlauf.
A Motoren mit Kurzschlußrotor. *B* Motoren mit Schleifringrotor.
(Tabelle XXXII.)

schnitt im Verhältnis $\dfrac{1}{1,73}$ verringert, was bei 500 Volt-Motoren unter 3—5 PS zur Reduktion der Leistung führen kann.

β) Doppelte Klemmbretter mit sechs Klemmen erforderlich.

7. Einphasen-Induktionsmotoren.

Einphasenmotoren an sich können nicht von selbst anlaufen. Es ist eine Verwandlung des Einphasenstroms in Zweiphasenstrom (allerdings nur sehr schlechten) notwendig, Phasenspaltung. Diese wird bei Motoren mit Schleifringanker meistens mit Drosselspulen, bei Motoren mit Kurzschlußanker meistens mit induktionsfreiem Widerstand ausgeführt. Auch Kondensatoren werden verwendet.

Es ergeben sich etwa die Grenzwerte der Tabelle XXXII, Fig. 16, wenn die Überlastungsfähigkeit 60—75% beträgt.

Tabelle XXXII.

Anlauf von Einphasen-Induktionsmotoren.

Zugkraft in % der Volllastzugkraft	Anlaufstrom in % des normalen Stroms	
	Kurzschlußanker	Schleifringanker
20	133	67
40	225	112
60	300	167
80		210
100		250

E. Die Veränderung der Umdrehungszahl.

Es ist nur möglich, die Umdrehungszahl eines normalen Induktionsmotors von seiner normalen aus, nach unten zu regulieren, d. h. durch Vergrößerung des Schlupfes (stets auf Kosten des Wirkungsgrades).

1. Bei Maschinen mit Kurzschlußankern läßt sich in engen Grenzen die Umdrehungszahl durch Verringerung der primären Spannung mittels Vorschaltwiderstand oder Autotransformator regulieren. (Hin und wieder bei Ventilatoren verwandt, deren Leistung mit kleinen Tourenveränderungen geregelt werden kann.)

2. Maschinen mit Schleifringankern: Sehr große Tourenregulierung durch Einschaltung von Widerstand in den Rotorkreis. Praktisch konstantes Drehmoment, d. h. Sinken der Nutzleistung proportional mit der Tourenzahl.

3. Motoren mit veränderlicher Polzahl.

Durch eine Schaltungsänderung mittels einfachen mehrpoligen Umschalters kann die Polzahl und damit die Umdrehungszahl im Verhältnis 1 : 2 verändert werden. Es gibt mehrere, meistens patentierte Verfahren. Fast ausschließlich Maschinen mit Kurzschlußanker, bei dem die Umschaltung nur im Stator stattzufinden braucht.

a) Der **Leistungsfaktor** bei der niedrigen Tourenzahl ist viel schlechter als bei der hohen (vgl. F).

b) Der Schlupf derartiger Maschinen ist oft groß (8—6% bei 20—50 PS-Motoren), weil durch hohen Widerstand im Rotor tote Punkte beim Anlauf unterdrückt werden müssen. Zu empfehlen: Anlauf mit hoher Polzahl und nach Erreichung der niedrigen Synchrontourenzahl Umschaltung auf kleine Polzahl. Der Anlaufstrom wird auf diese Weise verringert.

4. Zu beachten:

a) Die **Verringerung der Ventilation** bei niedriger Umdrehungszahl. (Entsprechende Angaben an den Fabrikanten.)

b) **Sehr instabile Tourenzahl** bei Widerstansdregulierung. Leistungsverringerung läßt die Umdrehungszahl steigen (bei Entlastung auf synchrone Tourenzahl), daher beim Antrieb von Werkzeugmaschinen schlecht.

c) Bei **Einphasenmotoren** kann durch Widerstand im Rotorkreis die Umdrehungszahl nicht beliebig weit nach unten reguliert werden, da bei Einschaltung von zu hohem Widerstand diese Motoren ihre Zugkraft stark einbüßen. Bei vollem Drehmoment ist eine Reduktion der Umdrehungszahl um 25—35% von der synchronen aus zulässig.

F. Der Leistungsfaktor ($\cos \varphi$).

Es ist besonders wichtig, sich vor der Entscheidung für einen Motor von verhältnismäßig niedriger Umdrehungszahl, hoher Frequenz oder hoher Überlastungsfähigkeit über die Größe des Leistungsfaktors Rechenschaft zu geben.

Stromstärke eines Induktionsmotors

$$= \frac{\text{Konst. PS}}{\text{Wirkungsgrad} \cdot \cos \varphi \cdot \text{Spannung}}.$$

Die Konst. bei Dreiphasenstrom $\dfrac{0,785}{1000}$

„ „ „ Zweiphasenstrom $\dfrac{0,68}{1000}$

„ „ „ Einphasenstrom $\dfrac{1,36}{1000}$

1. Der Leistungsfaktor hängt ab:

a) von Konstruktionseinzelheiten, wie Luftspalt, Wicklungsanordnung u. a.:

b) von der Zahl der Phasen, je größer, desto besser;

c) von der Frequenz, je geringer, desto besser;

d) von der Polzahl, je geringer, desto besser. Je höher die Umdrehungszahl, desto besser der Leistungsfaktor;

e) von der Überlastungsfähigkeit (Grenzleistung) der Maschine bei Motoren mit an und für sich kleinem Leistungsfaktor: Je kleiner die Überlastungsfähigkeit, desto besser;

f) ob Motor mit Schleifringen oder Kurzschlußanker, der letztere ist besser.

2. Verfahren zur Bestimmung der Größenordnung des Leistungsfaktors mit Hilfe der beiden Tabellen (XXXIII und XXXIV) oder Kurven Fig. 17—20.

a) Berechne Leistungsfähigkeit der Maschine:

$$\frac{\text{PS} \cdot 1000}{\text{Umdrehungszahl}} = L \, .$$

$L =$ Leistung auf 1000 Umdrehungen/Minute reduziert, ist ein Maß für das Drehmoment der Maschine,

z. B. 10 PS 500 Umdr. $L = 10 \cdot \dfrac{1000}{500} = 20$ PS.

b) Berechne die Polzahl $p = 120 \cdot \dfrac{f}{n}$;

z. B. $n = 500$ Umdr. $f = 50$ Per; $p = 120 \cdot \dfrac{50}{500} = 12$ Pole.

c) Entnimm aus Tabelle XXXIII oder Fig. 17 bis 19 den Phasenfaktor A, der L entspricht.

Phasenfaktor A berücksichtigt alle Konstruktionseinzelheiten, wie Größe des Luftspalts u. dgl.

Tabelle XXXIII.

Der Phasenfaktor A von Induktionsmotoren.

Leistungsfähig-keit $L = $ PS bei 1000 Umdr./Min.	Dreiphasen-strom		Zweiphasen-strom		Einphasen-strom	
	Schleif-ring-anker	Kurz-schluß-anker	Schleif-ring-anker	Kurz-schluß-anker	Schleif-ring-anker	Kurz-schluß-anker
0,25	0,03	0,025	0,042	0,035	0,06	0,05
0,5	0,023	0,019	0,032	0,027	0,045	0,038
1	0,0205	0,017	0,029	0,024	0,041	0,034
2	0,018	0,015	0,025	0,021	0,036	0,03
3	0,015	0,013	0,021	0,018	0,031	0,026
5	0,014	0,0115	0,019	0,016	0,028	0,023
10	0,012	0,010	0,017	0,014	0,024	0,02
20	0,011	0,009	0,015	0,0125	0,021	0,018
50	0,0095	0,008	0,013	0,011	0,019	0,016
100	0,0085	0,007	0,012	0,01	0,017	0,014
200	0,007	0,006	0,010	0,0085	0,0145	0,012
1000	0,006	0,005	0,0085	0,007	0,012	0,01
10000	0,005	0,004	0,0065	0,0055	0,0095	0,008

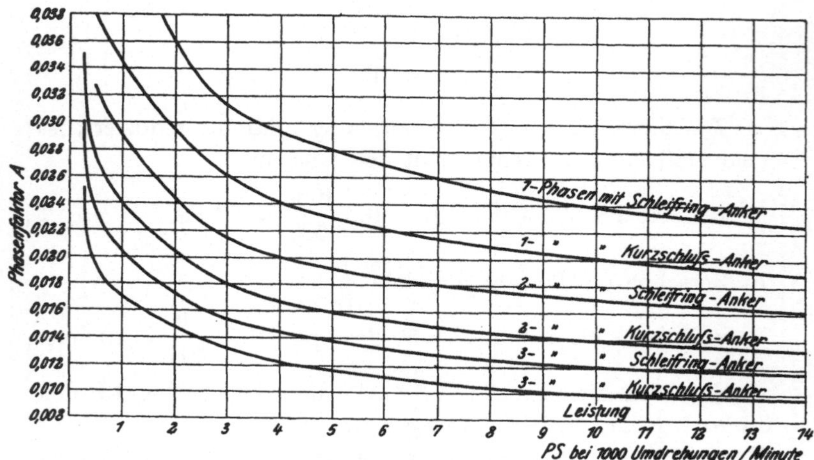

Fig. 17. Phasenfaktor A kleiner Induktionsmotoren. (Tabelle (XXXIII.)

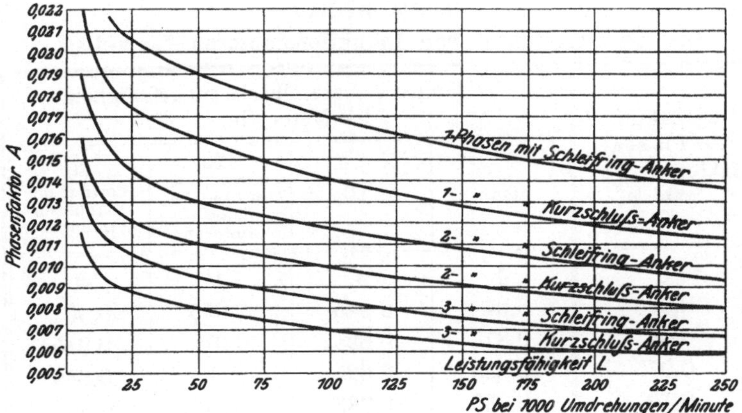

Fig. 18. Phasenfaktor A von Induktionsmotoren mittlerer Leistungsfähigkeit. (Tabelle XXXIII.)

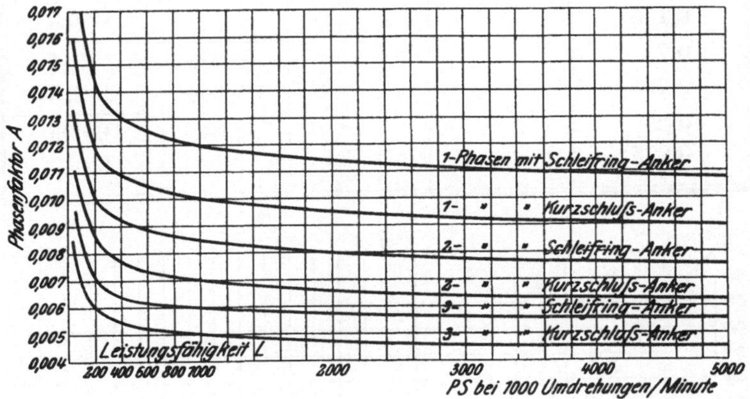

Fig. 19. Phasenfaktor A größerer Induktionsmotoren. (Tabelle XXXIII.)

z. B. für $L = 20$ PS; Zweiphasenstrom, Schleifringanker: $A = 0{,}015$.

d) Bilde: Streufaktor $= B =$ Phasenfaktor $\cdot$ Polzahl $= A \cdot p$, z. B. für $A = 0{,}015$; $p = 12$, $B = 0{,}015 \cdot 12 = 0{,}18$.

e) Entnimm den Leistungsfaktor (cos φ) aus Tabelle XXXIV oder den Kurven Fig. 20.

Z. B. für $B = 0{,}18$ und (normaler) 125% Überlastungsfähigkeit: cos φ $= 0{,}72$, d. h. der Motor in unserem Beispiel

Tabelle XXXIV.
Der Leistungsfaktor von Induktionsmotoren bei Vollast.

Streufaktor B = Phasenfaktor $A \cdot$ Polzahl p	Verlangte sichere Überlastungsfähigkeit des Motors in %			
	350	250	125 normal bei Zwei- und Dreiphasenmotoren	60 normal bei Einphasenmotoren
0	1	1	1	1
0,025	0,94	0,945	0,955	0,95
0,05	0,875	0,895	0,915	0,915
0,075	0,805	0,835	0,88	0,885
0,10	0,735	0,785	0,845	0,86
0,125	0,64	0,725	0,81	0,825
0,15		0,675	0,765	0,795
0,175			0,725	0,765
0,2			0,695	0,745
0,225			0,665	0,715
0,25			0,64	0,695
0,275				0,67

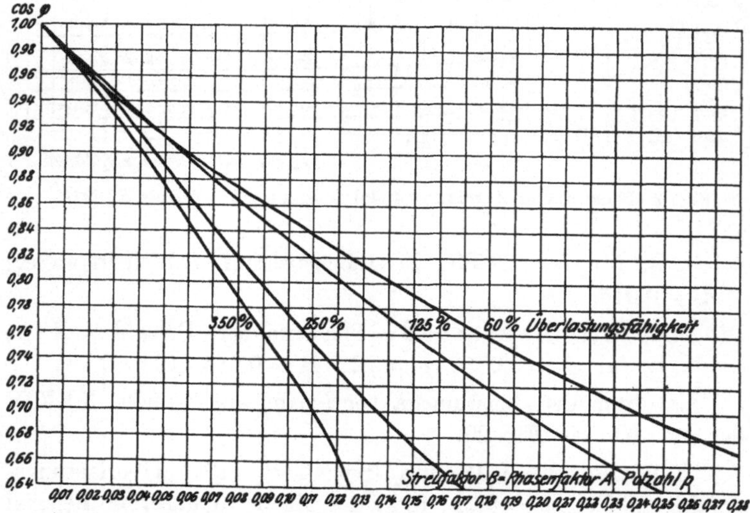

Fig. 20. Der Leistungsfaktor (cos φ) von Induktionsmotoren. (Tabelle XXXIV.)

ist sehr schlecht, sein Strom hat ca. 45° Phasenverschiebung gegen die Spannung und die wattlose Energie ist ebenso groß, wie die tatsächliche „Watt" repräsentierende. Es ist möglich, durch Feinheiten in der Konstruktion (besonders kleiner Luftspalt, schmale Maschinen von großem Durchmesser u. dgl.) den Leistungsfaktor etwas zu verbessern, vor allem bei besonders gebauten Spezialmaschinen (z. B. langsam laufende Bergwerksmotoren). Eine gute Maschine für die angegebenen Bedingungen wird sich aber nicht bauen lassen.

3. Abänderung des Beispiels:

a) Wäre nicht Zweiphasenstrom, sondern Dreiphasenstrom gegeben, so würde (Tab. XXXIII) $A = 0,011$, $B = 0,011 \cdot 12 = 0,13$ werden und nach Tab. XXXIV der $\cos\varphi$ auf 0,8 steigen;

b) würden wir außerdem die Umdrehungszahl auf 750 erhöhen, also die Polzahl auf 8 verringern, so würde B im Verhältnis $\frac{8}{12}$ abnehmen, d. h. das neue $B = 0,13 \cdot \frac{8}{12} = 0,086$ und das $\cos\varphi = 0,86$ werden.

4. Durchschnittswerte für den Leistungsfaktor von Dreiphasen-Induktionsmotoren mit Schleifringen sind in Tabelle XXXV und den Fig. 21, 22, 23 und 24 enthalten.

Tabelle XXXV.

Durchschnittswerte für den Leistungsfaktor von Dreiphasen-Induktionsmotoren mit Schleifringanker.

PS	250 Touren		500 Touren		750 Touren		1000 Touren	1500 Touren		3000 Touren
	50 Per.	25 Per.	50 Per.	25 Per.	50 Per.	25 Per.	50 Per.	50 Per.	25 Per.	50 Per.
1		0,72	0,69	0,84	0,77	0,87	0,80	0,85	0,92	0,91
2		0,76	0,72	0,86	0,79	0,90	0,82	0,875	0,93	0,92
5	0,63	0,79	0,78	0,89	0,84	0,92	0,86	0,90	0,935	0,93
10	0,66	0,81	0,79	0,90	0,85	0,925	0,89	0,91	0,94	0,935
15	0,68	0,825	0,81	0,91	0,85	0,93	0,90	0,92	0,94	0,935
30	0,70	0,84	0,83	0,91	0,87	0,935	0,91	0,93	0,945	0,94
50	0,73	0,86	0,84	0,92	0,88	0,935	0,915	0,935	0,95	0,945
100	0,74	0,875	0,86	0,93	0,895	0,94	0,92	0,94	0,955	0,95
500	0,77	0,89	0,89	0,94	0,915	0,945	0,93	0,945	0,96	0,955
1000} 5000}	0,79	0,905	0,90	0,945	0,925	0,95	0,94	0,95	0,96	0,96

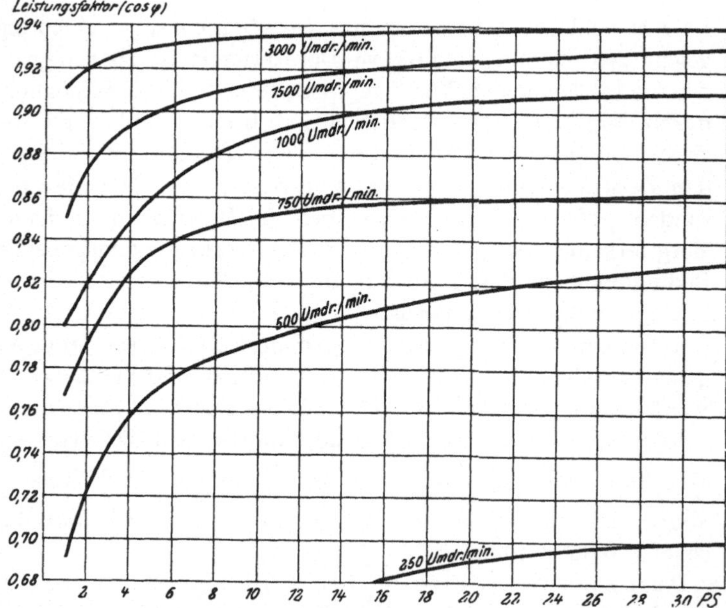

Fig. 21. Durchschnittsleistungsfaktoren von kleineren Dreiphasen-Induktionsmotoren mit Schleifringanker, 50 Per./Sek. (Tabelle XXXV.)
(Korrektionen: Vgl. Fig. 22.)

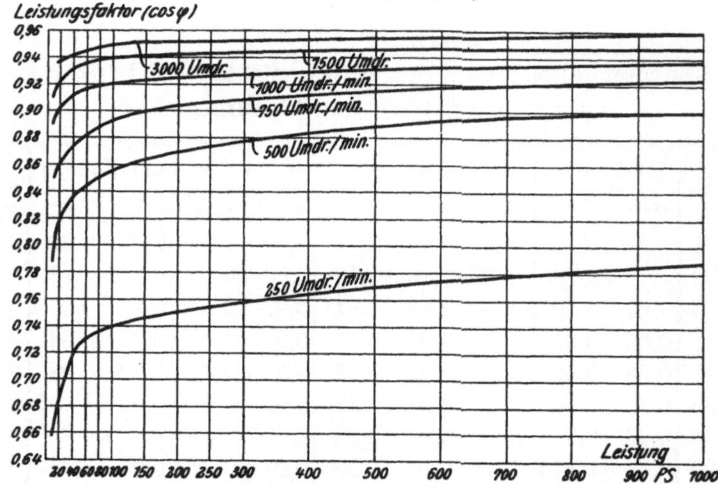

Fig. 22. Durchschnittsleistungsfaktoren von Dreiphasen-Induktionsmotoren mit
Schleifringrotor, 50 Per./Sek. (Tabelle XXXV.)
(Korrektionen: Motoren mit Kurzschlußanker haben 2—4% besseren, Zweiphasenmotoren 2—4% schlechteren und Einphasenmotoren 6—10% schlechteren Leistungsfaktor.)

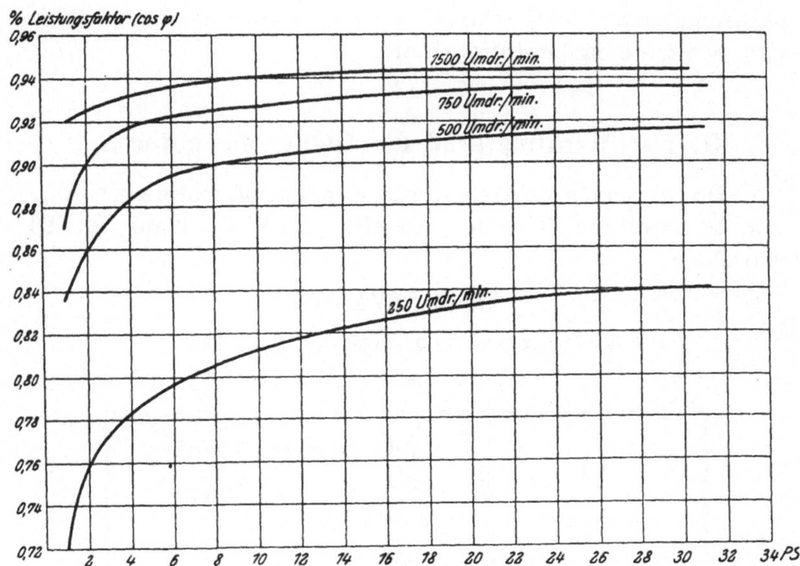

Fig. 23. Durchschnittsleistungsfaktoren von Dreiphasen-Induktionsmotoren
mit Schleifringanker, 25 Per./Sek.
(Tabelle XXXV.)

(Korrektionen: Vgl. Fig. 24.)

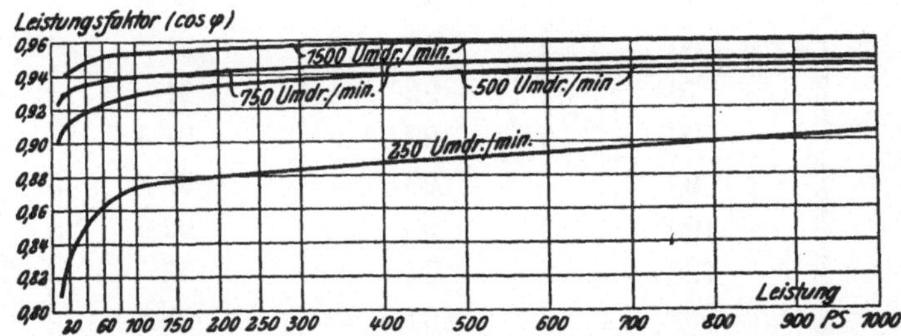

Fig. 24. Durchschnittsleistungsfaktoren von Dreiphasen-Induktionsmotoren
mit Schleifringrotor, 25 Per./Sek.
(Tabelle XXXV.)

(Korrektionen: Motoren mit Kurzschlußanker haben 2—4% besseren, Zweiphasenmotoren 2—4% schlechteren und Einphasenmotoren 6—10% schlechteren Leistungsfaktor.)

Motoren mit Kurzschlußanker haben 2—4% besseren, Zweiphasenmotoren 2—4% schlechteren und Einphasenmotoren 6 bis 10% schlechteren Leistungsfaktor.

G. Der Wirkungsgrad der Induktionsmotoren.

1. Drehstrommotoren (Mehrphasen-Induktionsmotoren).

a) 50 Perioden/Sekunde: Tabelle XXXVI, Figur 25, 26 und 27.

Tabelle XXXVI.

Wirkungsgrad von Drehstrommotoren für 50 Perioden/Sek.

PS	Umdrehungen/Minute	
	125—1500	3000
1	70	69
2	78	77
5	84	82
10	87	86
20	90	88
30	90,5	89,5
40	91	90
50	91,5	90,5
60	92	91
70	92	91
80	92,5	91,5
90	93	92
100	93	92,5
250	94	93
500	94,5	93,5
1000	95,5	94
1500	96	94,5
2000	96	94,5
2500	96	94,5

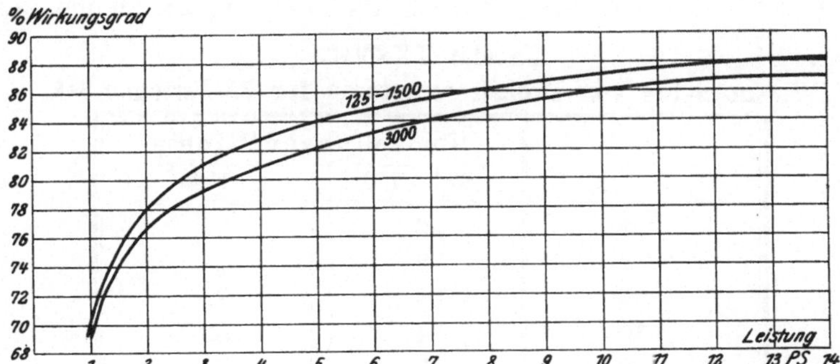

Fig. 25. Wirkungsgrad kleinerer Drehstrommotoren, 50 Per./Sek. (Tabelle XXXVI.)

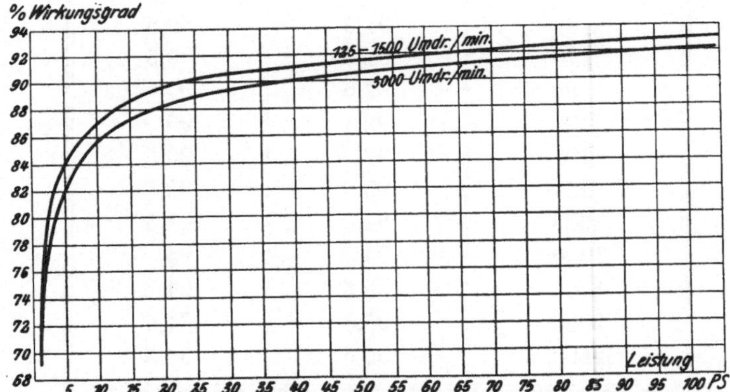

Fig. 26. Wirkungsgrad von Drehstrommotoren mittlerer Leistung, 50 Per./Sek.
(Tabelle XXXVI.)

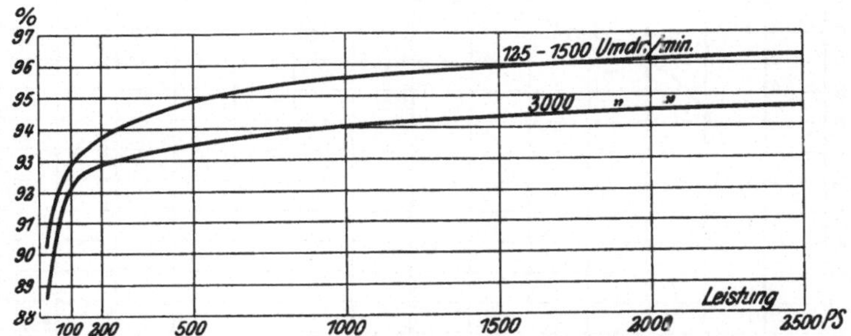

Fig. 27. Wirkungsgrad größerer Drehstrommotoren, 50 Per./Sek.
(Tabelle XXXVI.)

b) 25 Perioden/Sekunde: Tabelle XXXVII, Fig. 28, 29 und 30.

Tabelle XXXVII.
Wirkungsgrad von Drehstrommotoren für 25 Perioden/Sek.

PS	Umdrehungen/Minute	
	62,5—750	1500
1	62	62
2	75	75
5	81	81
10	84	83
20	87	86
30	88,5	87
40	90	88
50	91	88,5
60	91,5	89,5
70	91,5	89,5
80	91,5	90
90	92	90
100	92	90,5
250	93	92,5
500	94	93,5
1000	95	94
1500	95,5	94
2000	95,5	94,5
2500	95,5	94,5

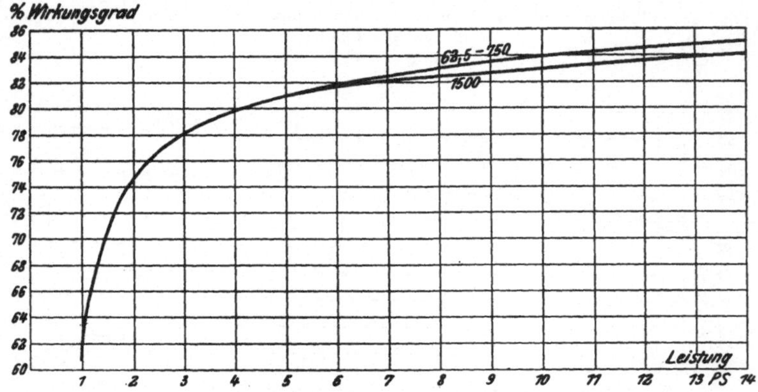

Fig. 28. Wirkungsgrad von kleineren Drehstrommotoren, 25 Per./Sek. (Tab. XXXVII.)

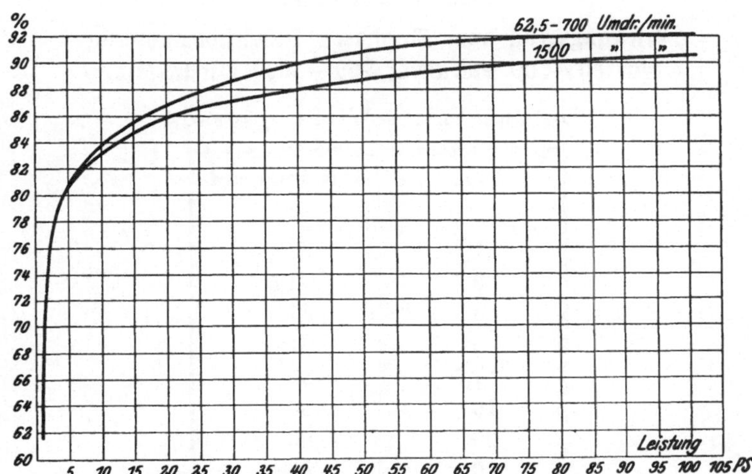

Fig. 29. Wirkungsgrad von Drehstrommotoren mittlerer Leistung, 25 Per./Sek.
(Tabelle XXXVII.)

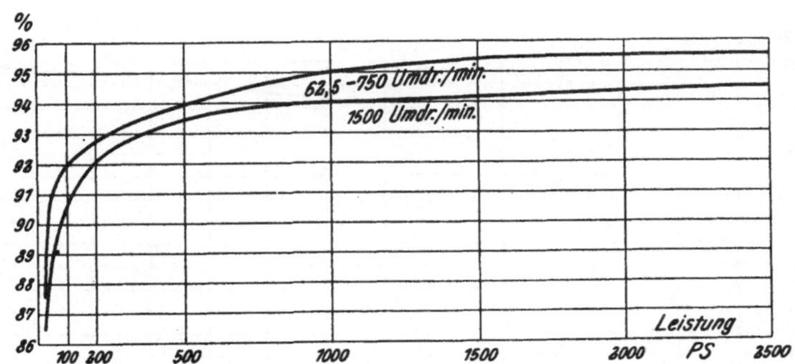

Fig. 30. Wirkungsgrad von größeren Drehstrommotoren, 25 Per./Sek.
(Tabelle XXXVII.)

2. Einphasen-Induktionsmotoren für 750 bis 3000 Umdrehungen/Minute, 50—100 Perioden/Sekunde: Tabelle XXXV, Fig. 31 und 32.

Tabelle XXXVIII.

Wirkungsgrad von Einphasen-Induktionsmotoren für 50—100 Per./Sek., 750—3000 Umdr./Min.

Durchschnitts-Wirkungsgrad.

PS	Wirkungsgrad %
1	63
2	74,5
3	77
5	81
7,5	83
10	84
20	86
30	86,5
40	87
50	87,5
60	87,5
75	88

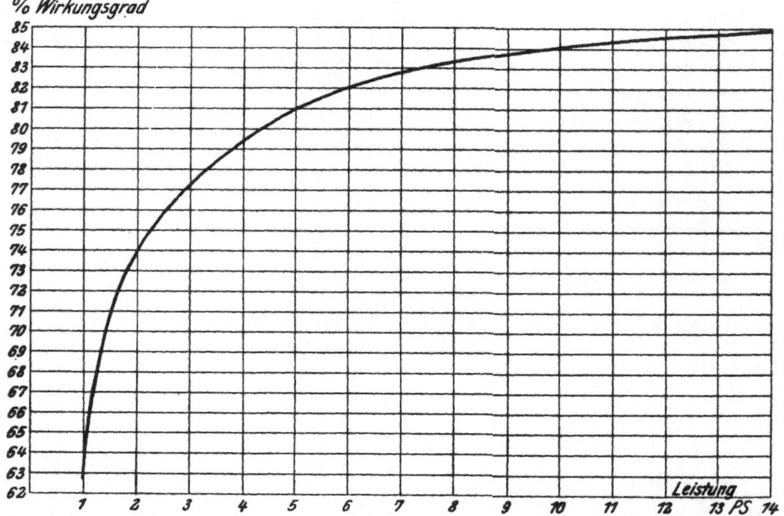

Fig. 31. Wirkungsgrad kleiner Einphasen-Induktionsmotoren, 50—100 Per./Sek., 750—3000 Umdr./Min. (Tabelle XXXVIII.)

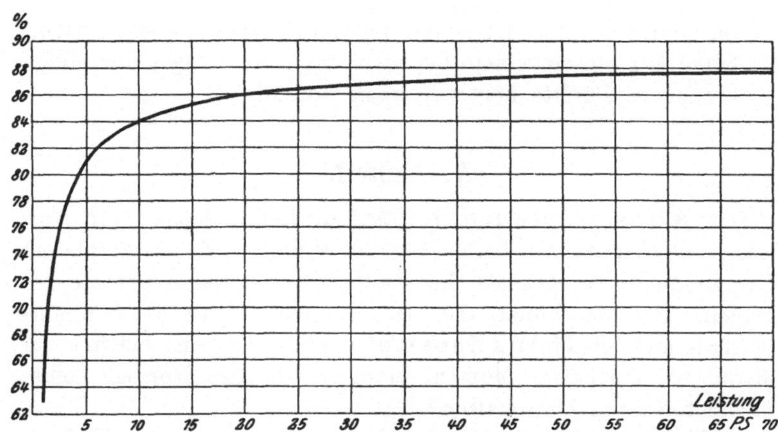

Fig. 32. Wirkungsgrad von Einphasen-Induktionsmotoren, 50—100 Per./Sek., 750—3000 Umdr./Min. (Tabelle XXXVIII.)

V. Einphasenmotoren mit Kommutator.

Einphasenmotoren mit Kommutator sind aus dem Bedürfnis heraus entwickelt worden, eine Einphasenwechselstrommaschine mit hoher Anzugskraft und geringem Stromverbrauch zu schaffen. Von einer Einheitlichkeit der Typen kann bei dieser Maschinenart nicht die Rede sein, da der Bau dieser Maschine von den Firmen meistens als Spezialität betrieben wird und fast jede Fabrikantin ihre eigenen Patente hat. Die ursprüngliche Type des Einphasenmotors mit Kommutator ist die eines gewöhnlichen Reihenschluß-motors, der statt mit Gleichstrom mit Wechselstrom gespeist wird. Nebenschlußmotoren können mit Wechselstrom nicht arbeiten, weil Ankerstrom und Magneterregerstrom möglichst phasengleich sein müssen, was bei paralleler Speisung nicht der Fall ist. Spezialtypen mit Nebenschlußcharakteristik (d. h. konstanter Umdrehungszahl) sind aber geschaffen worden. Außerdem gibt es Maschinen für kleinere Leistungen, die nur bei Anlauf als Kommutatormotoren und nach Erreichung der vollen oder nahezu vollen Umdrehungszahl als Induktions-

motoren arbeiten. (Umschaltung von Hand oder automatisch.)
Ohne auf die einzelnen Typen einzugehen, mögen nur einige
besondere Punkte hervorgehoben werden.

A. Anlauf.

Der Stromverbrauch bei Anlauf kann, wenn zum Anlassen ein Autotransformator verwendet wird, bei normalem
Drehmoment weniger als die Hälfte des normalen Stroms betragen. Bei Maschinen, die als Kommutatormotoren anlaufen und als Induktionsmotoren arbeiten, beträgt der
Strom bei normalem Moment etwa $^3/_4$—$^1/_1$ des Normalstroms;
Stromstoß beim Umschalten.

Der Anlauf von Reihenschlußmotoren ist beim Wechsel-
strombetrieb günstiger als bei Gleichstrombetrieb, weil bei
dem letzteren beim Anlauf die Spannung und Energie im
Anlaßwiderstand vernichtet wird, bei dem ersteren aber die
Spannung durch Transformation mittels ruhenden Transformators verringert werden kann, also die Energie umge-
formt (nicht vernichtet) wird.

B. Die Umdrehungszahl.

Die Umdrehungszahl muß vor allem bei höherer Periodenzahl hoch liegen. Die Umdrehungszahlen (Tabelle XXXIX) sind
ungefähr normal.

Tabelle XXXIX.
Umdrehungszahl von Wechselstrom-Kommutatoren.

PS	Umdrehungen
1	1500—2000
5	1200—1800
10	1000—1500
50	750—1000

C. Die Spannung.

Wegen Kommutierungsschwierigkeiten sollte die Spannung
niedrig sein. (Wenn nötig, sollte die Netzspannung unter Ver-

wendung eines Transformators herabtransformiert werden.) Ungefähre Werte für die normale Spannung: Tabelle XL.

Tabelle XL.
Normale Spannung von Wechselstrom-Kommutatormotoren.

PS	Volt
1	100—150
10	200—250
50	250—300

Bei den sogenannten Repulsionsmotoren, die meistens nur für kleine Leistungen gebaut werden, gelten etwa die Grenzen der Tabelle XXIV.

D. Der Leistungsfaktor.

Bei mehreren Typen ist der Leistungsfaktor bei einer bestimmten Umdrehungszahl (meistens der normalen) gleich eins. Bei gewöhnlichen Reihenschlußmotoren ergeben sich etwa folgende Werte: Tabelle XLI.

Tabelle XLI.
Leistungsfaktor von Wechselstrom-Kommutatormotoren.

PS	Umdrehungen	25 Perioden	50 Perioden
5	1500	0,93	0,82
50	750	0,94	0,84
200	600	0,95	0,86

E. Der Wirkungsgrad.

Der Wirkungsgrad von Einphasen-Kommutatormotoren ist stets geringer als der der entsprechenden Gleichstrommaschine, und zwar

Tabelle XLII.

bei 25 Per. etwa 5—10%
„ 50 „ „ 10—15%

Je höher die Periodenzahl, um so schlechter der Wirkungsgrad.

VI. Transformatoren.

Die Transformatoren, welche fast stets voll belastet sind (meistens für Motoren), werden im allgemeinen anders konstruiert sein als Transformatoren, die Vollast nur kurze Zeit aushalten müssen und vielfach schwach oder unbelastet sind (Beleuchtungstransformatoren). Man kann daher zwei Arten unterscheiden:

1. Krafttransformatoren;
2. Beleuchtungstransformatoren.

A. Spannungsabfall.

1. Bei induktionsfreier Belastung: meistens nicht über 2%.
2. Bei induktiver Belastung: für $\cos\varphi = 0{,}85$, Spannungsabfall von 4—6%.

B. Überlastungsfähigkeit.

1. Kurzzeitige Überlastung (wenige Minuten): 100% und mehr.

2. Dauerlast:

a) Krafttransformatoren:

Kleine Transformatoren (etwa unter 3—5 KW) erreichen nahezu ihre Endtemperatur in etwa 6 Stunden, große Transformatoren oft erst nach 1—2 tägigem Betrieb. Überlastungsfähigkeit meist den Maschinen angepaßt, denen die Transformatoren Strom liefern. 50% Überlast für 1 Stunde ohne Verbrennen ist meistens zulässig.

b) Beleuchtungstransformatoren:

Meistens nur 3 Stunden unter Vollast mit normaler Temperaturerhöhung (50⁰ C), auch wohl nur 1 Stunde, wenn die Vollast nur kurze Zeit andauert.

C. Der Wirkungsgrad.

1. Wirkungsgradtabelle XLIII, Fig. 33 und 34.

Tabelle XLIII.
Wirkungsgrad von Transformatoren.

KW	Wirkungsgrad		
	25 Perioden	50 Perioden	100 Perioden
1	90,8	92	93,2
2,5	93,3	94,7	95,2
5	94,7	95,8	96,2
10	95,6	96,4	96,9
20	96,4	97,2	97,4
30	96,8	97,5	97,7
40	97	97,6	97,9
50	97,2	97,8	98
70	97,25	98	98,1
Sehr große Leistung	97,75—98,2	98,5	98,7

Die hier angegebenen Wirkungsgrade sind die maximalen. Die Transformatoren können gewöhnlich so eingerichtet werden, daß je nach der Betriebsweise dieser Höchstwirkungsgrad bei Vollast oder geringerer Belastung auftritt (vgl. hierüber Abschnitt VII).

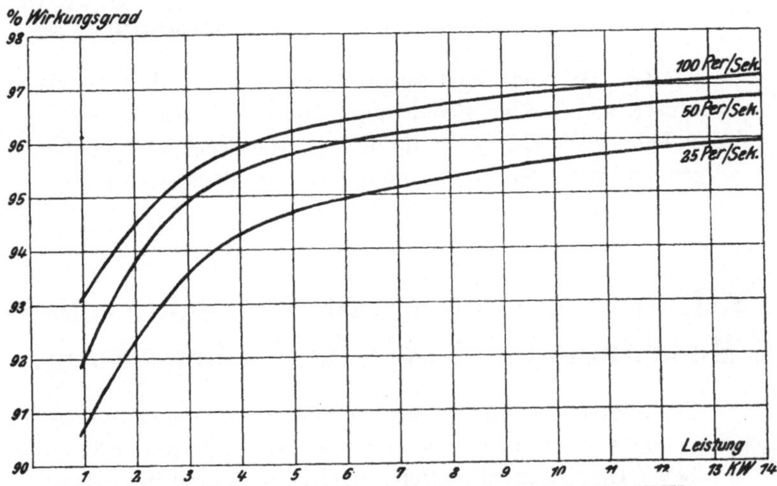

Fig. 33. Wirkungsgrad kleiner Transformatoren. (Tabelle XLIII.)

2. Bei Krafttransformatoren liegt der maximale Wirkungsgrad ungefähr bei Vollast.

3. Beleuchtungstransformatoren.

a) Das Maximum des Wirkungsgrades liegt gewöhnlich bei ½ oder ¾ der vollen Belastung.

b) Zwischen ¾ und 1¼ der vollen Belastung ist der Wirkungsgrad praktisch konstant.

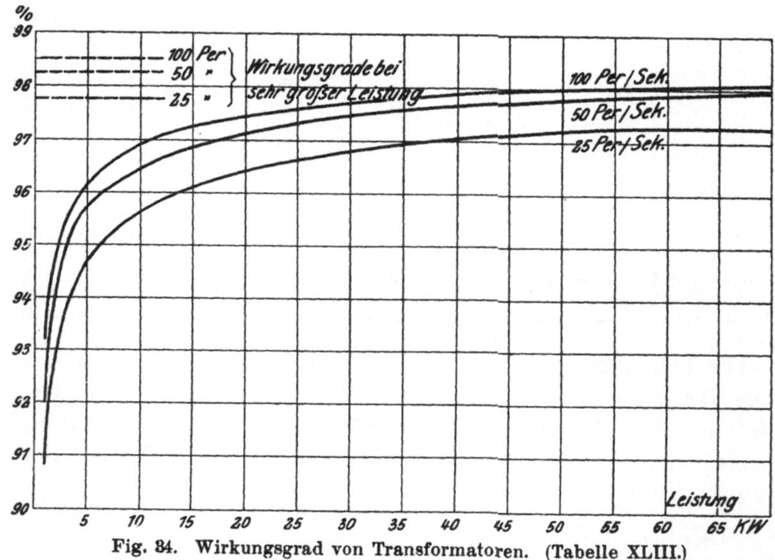

Fig. 84. Wirkungsgrad von Transformatoren. (Tabelle XLIII.)

c) Bei Beleuchtungstransformatoren sind die Leerlaufverluste von großer Bedeutung. Diese Verluste können aus der Tabelle XLIII mit Hilfe des im Abschnitt VII gegebenen Verfahrens der Größenordnung nach ermittelt werden.

VII. Der Wirkungsgrad der elektrischen Maschinen bei Unter- und Überlastung.

Eine Maschine, die schwankenden Belastungen ausgesetzt ist, sollte eine möglichst flache Wirkungsgradkurve haben. Die Verluste sollten abnehmen, wenn die Belastung sinkt und womöglich bei Leerlauf verschwinden. Gerade an den **Elektromotoren** rühmt man ihre **Anpassungsfähigkeit** an die Last, die sie wie wenig andere Kraftmaschinen besitzen, aber ein tatsächliches Verschwinden der Verluste bei Leerlauf tritt nicht ein.

A. Einteilung der Verluste.

1. Wir können uns die Verluste zusammengesetzt denken aus einem **konstanten** Wert p_0 und einem praktisch mit dem Quadrat der Belastung **veränderlichen**, p_1.

2. Bei **normaler** Last sind die Verluste $p_0 + p_1$. Je geringer p_0, um so höher ist der Wirkungsgrad bei schwacher Last.

B. Die Leerlaufverluste.

1. p_0 enthält Reibungsverluste, Eisenverluste und bei Nebenschlußmotoren und Wechselstromsynchron- und Asynchronmotoren auch die Kupferverluste, die durch den Erregerstrom bedingt sind.

2. Bei Transformatoren ist p_0 gleich den Eisenverlusten.

3. Bei allen Reihenschlußmotoren nimmt der Erregerstrom sowohl, als auch der Eisenverlust mit der Belastung ab, weil mit dem Strom auch das magnetische Feld verschwindet. Hier besteht p_0 fast nur aus Reibungsverlusten. Von **Reihenschlußmotoren** dürfen wir also die **flachsten Wirkungsgradkurven** erwarten.

4. Maschinen mit besonders starkem Feld, d. h. solche, die für besonders hohe **Überlastungsfähigkeit** gebaut sind, werden ein hohes p_0 haben, ebenso solche für hohe **Umlaufszahlen**, weil durch die hohe Geschwindigkeit des Eisens im magnetischen Feld die Eisenverluste beträchtlich werden. Auch die Reibung, vor allem die Luftreibung, steigt prozentual mit wachsender Geschwindigkeit.

5. Bei Synchronmotoren und Wechselstromgeneratoren bildet sehr oft die Erregerenergie einen hohen Prozentsatz, so daß diese Maschinengattung ein verhältnismäßig hohes p_0 hat.

6. Bei Gleichstrommaschinen für niedrige Spannung und hohe Stromstärken, also mit großen Kommutatoren, ist ebenfalls p_0 beträchtlich.

Tabelle für b).

Tabelle XLIV.

$x = \dfrac{p_x}{p_{\text{norm}}}$	Klasse I $a = 0,5$	Klasse II $a = 1$	Klasse III $a = 2$
¼	1,5	2,12	2,75
½	1	1,25	1,5
¾	0,95	1,4	1,14
1	1	1	1
1¼	1,1	1,03	1,95
1½	1,22	1,08	1,945

3. Beispiel:

Wie groß ist der Wirkungsgrad bei Vollast und halber Last eines Gleichstrommotors von 10 PS bei 1000 Umdrehungen/Min.?

Von Tabelle XII: $g_{\text{norm}} = 0,87$.

Normale Maschine: $a = 1$ (Klasse II)

$x = \frac{1}{2}$; von Tabelle XLIV $b = 1,25$.

Wirkungsgrad bei ½ Last.

$$g\,\tfrac{1}{2} = \frac{1}{1 + \left(\dfrac{1}{0,87} - 1\right)\cdot 1,25} = \frac{1}{1 + 1,19} = 84\% \;.$$

Wäre nun in Wirklichkeit $a = 1,25$ statt 1, so würde $b = 1,33$ und

$$g^{1}/_{2} = \frac{1}{1 + \left(\dfrac{1}{0,87} - 1\right)\cdot 1,35} = 83,5\% \;.$$

Der Wirkungsgrad wäre dann also nur ½% geringer.

Tabelle für b).

Tabelle XLIV.

$x = \dfrac{p_x}{p_{norm}}$	Klasse I $a = 0{,}5$	Klasse II $a = 1$	Klasse III $a = 2$
¼	1,5	2,12	2,75
½	1	1,25	1,5
¾	0,95	1,4	1,14
1	1	1	1
1¼	1,1	1,03	1,95
1½	1,22	1,08	1,945

3. Beispiel:
Wie groß ist der Wirkungsgrad bei Vollast und halber Last
eines Gleichstrommotors von 10 PS bei 1000 Umdrehungen/Min.?
Von Tabelle XII: $g_{norm} = 0{,}87$.
Normale Maschine: $a = 1$ (Klasse II)
$x = \frac{1}{2}$; von Tabelle XLIV $b = 1{,}25$.
Wirkungsgrad bei ½ Last.

$$g\tfrac{1}{2} = \cfrac{1}{1 + \left(\cfrac{1}{0{,}87} - 1\right)\cdot 1{,}25} = \frac{1}{1 + 1{,}19} = 84\% \, .$$

Wäre nun in Wirklichkeit $a = 1{,}25$ statt 1, so würde $b = 1{,}33$
und

$$g^{1}/_{2} = \cfrac{1}{1 + \left(\cfrac{1}{0{,}87} - 1\right)\cdot 1{,}35} = 83{,}5\% \, .$$

Der Wirkungsgrad wäre dann also nur ½% geringer.

VIII. Der Leistungsfaktor (cos φ) von Induktionsmotoren bei Unter- und Überlastung.

Der Streufaktor ist nach IV, F^2 zu ermitteln.

A. Maschinen mit Schleifringrotoren.

Tabelle XLV.
Der Leistungsfaktor von Induktionsmotoren mit Schleifringen.

Streu-faktor B	Grad der Belastung								
	$^1/_4$	$^1/_2$	$^3/_4$	1	$1^1/_4$	$1^1/_2$	$1^3/_4$	2	$(2^1/_4)$
0,03	0,85	0,93	0,95	0,95	0,945	0,935	0,925	0,895	0,805
0,05	0,74	0,865	0,91	0,92	0,92	0,915	0,905	0,88	0,79
0,07	0,66	0,81	0,875	0,90	0,905	0,90	0,89	0,87	0,78
0,10	0,565	0,730	0,825	0,850	0,87	0,87	0,865	0,845	0,77
0,13	0,505	0,66	0,76	0,805	0,82	0,83	0,83	0,820	0,75
0,16	0,46	0,615	0,715	0,77	0,80	0,81	0,81	0,80	0,735
0,20	0,42	0,55	0,66	0,725	0,76	0,78	0,785	0,78	0,72
0,25	0,385	0,51	0,615	0,68	0,72	0,745	0,755	0,755	0,70

B. Maschine mit Kurzschlußrotoren.

Tabelle XLVI.
Der Leistungsfaktor von Induktionsmotoren mit Kurzschlußankern.

Streu-faktor B	Grad der Belastung								
	$^1/_4$	$^1/_2$	$^3/_4$	1	$1^1/_4$	$1^1/_2$	$1^3/_4$	2	$(2^1/_4)$
0,03	0,84	0,935	0,95	0,955	0,955	0,95	0,94	0,925	0,86
0,05	0,715	0,86	0,91	0,93	0,93	0,93	0,92	0,905	0,845
0,07	0,635	0,80	0,875	0,90	0,91	0,91	0,905	0,895	0,835
0,10	0,525	0,71	0,805	0,85	0,87	0,88	0,88	0,87	0,815
0,13	0,47	0,64	0,75	0,805	0,835	0,85	0,855	0,85	0,80
0,16	0,425	0,59	0,70	0,765	0,80	0,82	0,83	0,83	0,785
0,20	0,41	0,55	0,655	0,725	0,76	0,79	0,80	0,805	0,77
0,25	0,375	0,505	0,60	0,675	0,72	0,75	0,77	0,775	0,75

Die Tabellen sind für normale Maschinen mit einer Grenzleistung gleich 2—2¼ mal Normalleistung aufgestellt. Sie haben aber **allgemeine Gültigkeit**, wenn man beachtet, daß z. B. eine Maschine mit 4—4½ facher Überlastungsfähigkeit bei **voller** Last denselben Leistungsfaktor hat wie eine Maschine mit 2 bis 2¼ facher bei halber Last. Es handelt sich hierbei nur um eine Maßstabsveränderung im Verhältnis der gegebenen Überlastungsfähigkeit zu 2—2¼.

IX. Der aussetzende (intermittierende oder Kran-) Betrieb.

Maschinen, in denen in mehr oder minder regelmäßigen Intervallen Belastungs- und Leerlaufs- oder Stillstandsperioden abwechseln (Typisch: Kranbetrieb, Bahnbetrieb), können in ihrer Konstruktion diesem aussetzenden Betrieb angepaßt werden. Sie brauchen Vollast nicht dauernd auszuhalten. Folgen dieser Anpassung:

1. Verbilligung.

2. Meistens besserer Wirkungsgrad bei schwacher Last.

3. Möglichkeit der vollkommenen Kapselung ohne wesentliche Verminderung der Leistung durch die fehlende Lüftung.

A. Nach den **Vorschriften** des Verbandes deutscher Elektrotechniker muß ein Kranmotor Vollast für **eine Stunde** ohne unzulässige Erwärmung (50° C) aushalten. Diese Vorschrift entspricht der Erfahrung, daß Motoren, die diese Bedingung erfüllen, fast immer ausreichend sind. Nur bei ganz großen Motoren mit angestrengtem Betrieb (Stahlwerke, Gießereien) kann eine längere Belastungsprobe notwendig sein.

B. Ein Maß für die Schwere des Betriebes gibt der Belastungs-

$$\text{faktor } K = \frac{\text{Belastungszeit}}{\text{Belastungszeit} + \text{Ruhezeit}}.$$

Ungefähre Werte für K:

 Klasse I $K = \frac{1}{8}$ wenig benutzte Krane.

  „ II $K = \frac{1}{4}$ häufig benutzte Krane.

  „ III $K = \frac{1}{2}$ Gießereikrane u. dgl.

C. Bei der Prüfung des Motors kann der tatsächliche Betrieb (Arbeits- und Ruhepausen) nachgeahmt werden.

D. Vereinfachung: Einteilung in drei Klassen, die ungefähr den unter B gegebenen Klassen entsprechen:

 Klasse I $\frac{1}{2}$ Stunde Prüfung bei 50^0 C Temperaturerhöhung.

 Klasse II 1 Stunde Prüfung bei 50^0 C Temperaturerhöhung.

 Klasse III $1\frac{1}{2}$ Stunden bei 50^0 C Temperaturerhöhung.

E. Bei Nebenschlußmotoren sollte die Magnetwicklung während des Stillstandes der Maschine ausgeschaltet werden, da sie sonst leicht verbrennt (sehr häufige Erscheinung). Bei Spezialkranmotoren kann wegen Platzmangel oft die Nebenschlußwicklung nicht so bemessen werden, daß sie dauernde Einschaltung aushält.